U0067984

有限元素法

輕鬆上手

陳誠宗、李兆芳 編著

天空數位圖書出版

目錄

圖目錄

第一章　概　述

1.1 引言

　　有限元素法名稱中文是由英文名稱直接逐字翻譯，有限（Finite）元素（Element）法（Method）。儘管是逐字直接翻譯，但中文的描述也很恰當，意思是說使用有限個元素（finite elements）進行計算的方法。有限元素法為數值方法（numerical method）或稱數值模擬（numerical simulation）方法的一種，簡單的說就是利用電腦來進行計算的方法。可是所指的"電腦計算"是甚麼意思呢？電腦計算的結果到底要得到甚麼呢？在概念上來說，就是要知道所計算的問題會有怎樣結果？這裡就牽涉到"所計算的問題"，以及"結果"，也就是說電腦計算是要計算一個問題，然後得到答案。舉例來說，電腦模擬小貨車撞牆產生的扭曲變形，如圖 1-1 所示，所模擬的問題為小貨車撞牆，模擬結果則為車子變形的情形。在模擬的開始，可以看到給定的是完整的小貨車模型，然後才是車子逐漸變形的結果。圖 1-2 則為兩輛車相撞所產生的車子損壞情形，同樣的，一開始也是給定完整的車子模型，然後計算車子相撞後的變形結果。這裡除了看電腦模擬結果外，仍然要提醒，電腦所模擬的物理問題需要有一個對應的數學描述，數值方法則針對問題的數學描述來進行求解計算。圖 1-3 為船隻開進港口引起周遭的水位變化。可以理解的，船隻還沒有進港前，給定的條件為水位靜止，然後，船隻開進港內逐漸引起水位的變化。圖 1-4 則為 Katrina 颶風在墨西哥灣引起的水位變化，模擬的標的為墨西哥灣海域受到 Katrina 颶風作用，引起海域水位的變化。

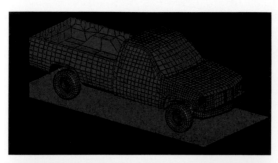

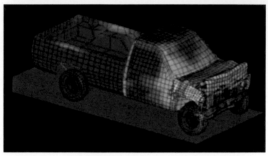

圖 1-1　Pick-up truck 撞擊變形模擬

（https://www.youtube.com/watch?v=6vWbfKKJUD8）

圖 1-2　兩輛車撞擊變形

（https://www.youtube.com/watch?v=hrfcROMz2II）

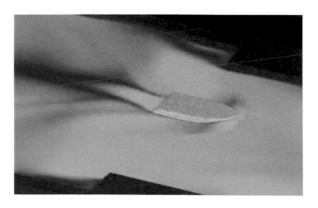

圖 1-3　船開過週遭水位變化模擬

（https://www.youtube.com/watch?v=LikuVfR6lMI）

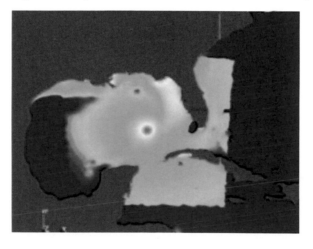

圖 1-4　Katrina 颶風在墨西哥灣引起水位變化模擬

（https://www.youtube.com/watch?v=wBXn2P2C5Q4）

1.2 學習有限元素法動機

　　以數值模擬方法而言，有限元素法已經不再像 1980 年一樣了，目前大家都競相使用現成的軟體或商用軟體，開發軟體寫程式已經不是主流，那麼學習有限元素法的動機，當下只能說是了解有限元素法建置的原理和輸入輸出所使用的格式和條件，在得到計算結果時或許比較能夠知道用來計算的條件或者得到的結果是否有經過進一步的調整。然而，使用 open source 的程式如果需要調整，這時候學習方法就相當有效用了。

有限元素法如果安排在研究所水準，則學習內容和要求目標當然不同。如果是定在大學部水準則要求目標為按照數值模式使用手冊進行操作。研究所要求目標則為能夠建立數值模式然後求解新的問題。所謂新的問題求解當然不是現有商業軟體或者開放軟體能夠計算的。有限元素法為應用電腦"數值計算"求解"問題"的工具。因此，涉及有限元素法基本方法論、所求解問題的建置、以及數值模擬的作法。

研究方法包括理論、試驗、數值、現場，無論何者都希望能夠有另外一個方法來說明自己結果的正確性。使用有限元素法作為數值方法的工具計算所要研究的問題算是相當好的作法。學會有限元素法可以計算所要求解的問題，另外一方面則為增加一項所謂使用電腦進行計算的能力。以目前使用電腦相當普及的環境來看，也算是相當有必要。近年來，學習使用電腦模擬建立電腦計算模式的人口漸漸缺乏，具有這項電腦模擬方法也算是增加一技之長更增加自己的競爭力。有限元素法使用到電腦程式語言，諸如 FORTRAN，目前學習者則多使用 Matlab 或 Mathematica 較高階的語言作計算。

1.3 求解問題簡述

所求解問題一般指的是邊界值（boundary value problem）問題，或含有時間的邊界值問題，或稱為動力分析問題（dynamic analysis）。邊界值問題包括控制方程式，以及對應的邊界條件。控制方程式為定義在計算領域（domain）的微分方程式。

　　偏微分方程的種類有三種，拋物線型態（parabolic）、雙曲線型態（hyperbolic）、以及橢圓型態（elliptic）。參考 Farlow（1993）。

一維拋物線型態微分方程式可寫為：

$$u_t = \alpha^2 u_{xx} - \beta u_x - \gamma(u - u_0) + f \tag{1-1}$$

式中等號右邊第一項為擴散項（diffusion），第二項為傳輸項（convection），第三項為與 u_0 之差異項，第四項則為外源項（external source）。

對應邊界條件為：

$$u = g_1(t) \tag{1-2a}$$

$$u_x = g_2(t) \tag{1-2b}$$

起始條件為：

$$u(x,0) = g_3(x) \tag{1-3}$$

一維雙曲線型態微分方程式可寫為：

$$u_{tt} = \alpha^2 u_{xx} - \beta u + f \tag{1-4}$$

對應邊界條件為：

$$u = g_1(t) \tag{1-5a}$$

$$u_x = g_2(t) \tag{1-5b}$$

起始條件為：

$$u(x,0) = g_3(x)$$

(1-6a)

$$u_t(x,0) = g_4(x)$$

(1-6b)

一維橢圓型態微分方程式可寫為：

$$u_{xx} = 0$$

(1-7)

對應邊界條件為：

$$u = g_1(t)$$

(1-8a)

$$u_x = g_2(t)$$

(1-8b)

由上面三種微分方程式的型式可以看出，橢圓型態問題沒有時間微分，而拋物線型態則有一次時間微分項，雙曲線型態有二次時間微分項。就數值方法求解問題而言，一般在介紹上都由橢圓型態問題開始，至於時間微分項的處理則直接應用有限差分法對時間積分，或在力學問題上面稱為動力分析（dynamic analysis）。三種微分方程式整理如下：

$$u_{xx} = 0$$

(1-9a)

$$u_t = \alpha^2 u_{xx} - \beta u_x - \gamma(u - u_0) + f$$

(1-9b)

$$u_{tt} = \alpha^2 u_{xx} - \beta u + f$$

(1-9c)

1.4 數值方法的種類

數值方法主要可以分成領域方法（domain method）或邊界方法（boundary method）。數值方法求解邊界值問題，即在求得數值近似解，分別滿足領域中的控制方程式，以及邊界上的條件。就數值方法求解而言，有些方法滿足邊界條件，然後求得領域中的近似解，如有限差分法、有限元素法，這類方法稱為領域方法。而有些方法滿足領域的控制方程式，然後去計算邊界上的函數值，如邊界元素法（boundary element method），這類方法稱為邊界方法。

1.5 本書內容

本書為介紹有限元素法基礎、數值模式架構之建立、以及有限元素法之應用，同時介紹配合有限元素法計算的數值方法。內容編輯目標為使學習者足以運用有限元素法求解基本問題。有限元素法的書籍一則原文書，一則大都為結構計算所寫或者僅為參考書，都無法有效的讓學習者清楚明瞭。作者參考幾本寫得比較好的書加上多年教學經驗，編排成本書內容。

本書內容摘要：

(1)　概述

(2)　一維問題有限元素法計算例以及通式建置：一維問題的說明最容易看出方法的特性。藉由一維問題的求解說明有限元素法的計算過程以及專屬概念。接著再以通式說明含有 Delta 函數的做法。

(3)　二維問題有限元素法計算例以及通式建置：作法和一維問題相同，以計算問題說明有限元素法的求解程序，接著再說明通式的作法。

(4)　四次微分控制方程式的有限元素法模式：四次微分方程式出現在

樑的變形位移方程式，利用有限元素法求解比較特別，值得特別
說明。

(5) 時間微分項的處理：一般數值方法皆由橢圓型態（elliptic）方程
式著手，含有一次時間微分的拋物線型（parabolic）以及雙曲線
型（hyperbolic）則需要配合時間的差分法進行求解。這裡僅介紹
時間差分的基本概念，其餘各種型態上的變形則由讀者參考有限
差分法處理。

(6) 其他。

1.6 參考書籍

1. Finite Elements ---- An Introduction, Volume I

By Eric B. Becker, Graham F. Carey, and J. Tinsley Oden, 1981.

(photo of the book)

Table of contents

Chap1. A model problem

Chap2. One dimensional problems (general formulation)

Chap3. Development of a finite element program

Chap4. Two dimensional problems (general formulation)

Chap5. Two-dimensional element calculation

(quadrilateral element, triangular element)

Chap6. Fourth-order problems (deflection of beams)

Chap7. Time dependent problems

這本書為作者參考用書的主力，一維和二維問題都以通式
（general)來呈現，也就是說藉由這樣建立起來的模式可以計算所有
的問題。志向非常大，但是學習者將迷失在通式的處理中，不容易堅
持學習到最後。這本書僅為第一冊，後續的第三冊為 Computation
Aspects 有提到一些有限元素法的計算技巧可以參考。

2. An Introduction to the Finite Element Method

by J. N. Reddy, 1993, McGraw-Hill.

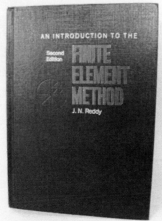

(photo of the book)

這本書裡面的樑四次微分問題，藉由變數的統一定義讓計算變得
更有系統，值得學習引用。

3. Finite Element Programming of The Navier-Stokes Equations

by C.taylor and T.G. Hughes

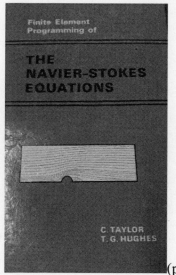

(photo of the book)

　　介紹有限元素法計算 Navier-Stokes 方程式的書不多，流體水利
領域的能夠有這樣的參考相當難得。特別本書裡面有附上程式和說明
更是值得學習。不過需要留意的是，程式的寫法由於考慮到電腦計算
記憶體的儲存利用，因此反而讓程式讀起來不容易了解。在此則建議
讀者嘗試自己寫程式碼進行計算。

4. Finite Element Analysis in fluid Dynamics

　　by T.J. Chung

　　使用有限元素法說明在流體動力學方面的應用本來書籍就少，這
本書可以參考。在理想流方面的計算例子特別可以參考。

5. The Finite Element Method—Concepts and Applications

　　by R.D. Cook

　　有限元素法除了方法本身的原理和作法外，這本書雖然以土木結構為主體，但是在有限元素法使用技巧方面，特別是二維元素的自動產生，以及元素號碼最佳化的說明最值得參考。

6. Farlow, S.J., Partial Differential Equations for Scientists and Engineers, Dover Publications, 1993.

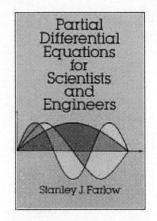

http://books.google.com.tw/books/about/Partial_Differential_Equations_for_Scien.html?id=DLUYeSb49eAC&redir_esc=y

對於偏微分（Partial Differential Equation）的介紹有相當好的整理值得仔細閱讀，偏微分方程式的分類、解析解的特性有相當明確的說明。

第一章　概　述

第二章　一維問題

2.1　一維問題例子

利用一維問題說明求解的方法，由於問題簡單過程清楚，對於概念的建立有很大的幫助。給定控制方程式和邊界條件分別為：

$$-u'' + u = x, \ 0 \le x \le 1 \tag{2-1}$$

$$u(0) = 0, \ u(1) = 0 \tag{2-2}$$

此問題的理論解可以推導得到為：

$$u = x - \frac{\sinh x}{\sinh 1} \tag{2-3}$$

利用有限元素法求解，首先定義殘差函數（residual function)

$$r(x) = -u''(x) + u(x) - x \tag{2-4}$$

殘差函數的意義可以看出來為控制方程式代入 u 值之後的結果，若 u 值視為近似解，則 $r(x)$ 代表誤差函數（error function）。留意到 $r(x)$ 為 x 的函數，其值可以為正值或負值。就求解問題近似解的角度來看，當然我們希望殘差函數的值能夠越小越好，即設定為零。以整個問題來看，問題領域裡面的殘差函數乘上加權函數 v，然後對整個問題領域積分起來。概念為將殘差函數利用加權的概念加起來然後令為零，稱為加權殘差（weighted residuals），式子寫出來為：

$$\int_0^1 \left(-u'' + u - x\right) v \, dx = 0 \tag{2-5}$$

求解作法到這邊可以看出求解近似解 $u(x)$，但是引進未知的加權函數 $v(x)$，這部份仍然需要特別處置。

（2-5）式積分式中含有近似解的二次微分，留意到近似解仍為 x 的函數，此函數的型態仍為未知，後續會介紹有限元素法建立此函數的作法。理論上，近似解函數的建立微分性要求越低越好。基於此，（2-5）式的兩次微分項需要進行降階處理，即利用部份積分法來降階。寫出來則為：

$$\int_0^1 -u''v\,dx = \int_0^1 u'v'\,dx - u'v\Big|_0^1 \tag{2-6}$$

則（2-5）式的降階加權殘差式可寫為：

$$\int_0^1 u'v'\,dx + \int_0^1 (u-x)\,v\,dx = u'v\Big|_0^1 \tag{2-7}$$

（2-7）式含有近似解 $u(x)$ 的一次微分，此式也用來求解。而因此求得的解理論上僅僅符合一次微分要求，但是原來要求解的微分項為兩次微分，即微分性的要求降低或者說微分滿足性較弱（weak）。因此，（2-7）式也稱為加權殘差弱滿足式（weak formulation）。（2-7）式等號右邊為計算在問題領域兩端點的意思。

對於所要使用的近似解表示式，理論上我們要找到一個函數來表示，但這就是我們要求解的理論函數，要得到不容易。在數值作法上於是將問題的領域分成許多小段或在有限元素法稱為元素（element），元素兩端點則稱為節點（node），然後假設近似解在元素上分佈的函數型態，例如線性、二次函數、或更高次。以分段線性元素為例，如圖 2-1 所示。

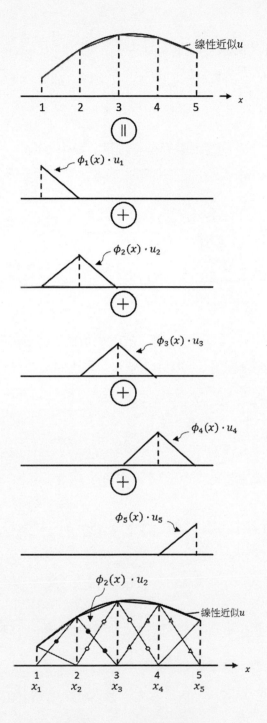

圖 2-1　近似解的建立

近似解 $u(x)$ 可以表示為：

$$u(x) = \sum_{j=1}^{N} \phi_j(x) \cdot u_j \tag{2-8}$$

式中 $\phi_j(x)$, u_j 分別為 j 節點的基本函數（basis function）與 u 值。以上圖為例，第 2 個節點左側和右側的基本函數可以表示為：

$$\phi_2^L(x) = \frac{x - x_1}{x_2 - x_1} \quad , \quad \phi_2^R(x) = -\frac{x - x_3}{x_3 - x_2} \tag{2-9}$$

（2-9）式中，左側基本函數在 x_1 的值為零而在 x_2 的值為 1，右側基本函數在 x_3 的值為零而在 x_2 的值為 1。

　　計算（2-7）式，已經有（2-8）式的近似解，但是仍缺加權函數。在有限元素法中常採用 Galerkin 方法，即加權函數 $v(x)$ 使用近似解的基本函數來表示。

$$v(x) = \phi_i(x) \tag{2-10}$$

則 Galerkin 降階加權殘差式（2-7）式可改寫為：

$$\int_0^1 \left(\sum_{j=1}^{N} \phi_j'(x) \cdot u_j \phi_i'(x) \right) dx + \int_0^1 \left(\sum_{j=1}^{N} \phi_j(x) \cdot u_j - x \right) \phi_i(x) dx = u' \phi_i(x) \Big|_0^1$$

$$, \quad i = 1, 2, \cdots, N \tag{2-11}$$

式中，近似解使用 N 個節點，同時（2-11）式也表示有 N 個方程式。例如：

$$i = 1 \quad \int_0^1 \left(\sum_{j=1}^{N} \phi_j'(x) \cdot u_j \phi_1'(x) \right) dx + \int_0^1 \left(\sum_{j=1}^{N} \phi_j(x) \cdot u_j - x \right) \phi_1(x) dx = u'(x) \phi_1(x) \Big|_0^1$$

$$\tag{2-12a}$$

$$i = 2 \quad \int_0^1 \left(\sum_{j=1}^N \phi_j'(x) \cdot u_j \phi_2'(x) \right) dx + \int_0^1 \left(\sum_{j=1}^N \phi_j(x) \cdot u_j - x \right) \phi_2(x) dx = u'(x) \phi_2(x) \big|_0^1$$

(2-12b)

（2-11）式可以整理改寫為：

$$\sum_{j=1}^N \int_0^1 \phi_i'(x) \phi_j'(x) + \phi_i(x) \phi_j(x) dx \cdot u_j = \int_0^1 x \phi_i(x) dx + \left[u'(x) \phi_i(x) \right] \big|_0^1$$

$$, \quad i = 1, 2, \cdots, N$$

(2-13)

（2-13）式仿照結構物受力平衡方程式可表示為：

$$\sum_{j=1}^N K_{ij} u_j = F_i + u'(1) \phi_i(1) - u'(0) \phi_i(0) , \quad i = 1, 2, \cdots, N \quad (2\text{-}14)$$

其中，勁度（stiffness）矩陣為：

$$K_{ij} = \int_0^1 \left(\phi_i' \phi_j' + \phi_i \phi_j \right) dx$$

(2-15)

外力向量為：

$$F_i = \int_0^1 x \phi_i dx$$

(2-16)

若將（2-14）完全展開則可得到矩陣式：

$$[K]\{u\} = \{F\}$$

(2-17)

$[K]$ 和 $\{F\}$ 則稱為整個問題的勁度矩陣和外力向量（global stiffness and load vector）。留意到（2-13）式等號右邊第二項，配合基本函數

的特性其結果為，以 $N=5$ 為例，

$$[u'(x)\phi_i(x)]\big|_0^1 = u'(1)\phi_i(1) - u'(0)\phi_i(0) \ , \ i=1,2,\cdots,5 \qquad (2\text{-}18)$$

或者分別代入 $i=1,2,\cdots,5$ 結果為：

$$i=1, \ [u'(x)\phi_1(x)]\big|_0^1 = u'(1)\phi_1(1) - u'(0)\phi_1(0)$$
$$= -u'(0) \qquad (2\text{-}19a)$$

$$i=2, \ [u'(x)\phi_2(x)]\big|_0^1 = u'(1)\phi_2(1) - u'(0)\phi_2(0) = 0 \qquad (2\text{-}19b)$$

$$i=3, \ [u'(x)\phi_3(x)]\big|_0^1 = u'(1)\phi_3(1) - u'(0)\phi_3(0) = 0 \qquad (2\text{-}19c)$$

$$i=4, \ [u'(x)\phi_4(x)]\big|_0^1 = u'(1)\phi_4(1) - u'(0)\phi_4(0) = 0 \qquad (2\text{-}19d)$$

$$i=5, \ [u'(x)\phi_5(x)]\big|_0^1 = u'(1)\phi_5(1) - u'(0)\phi_5(0)$$
$$= u'(1) \qquad (2\text{-}19e)$$

（2-11）式中也使用到基本函數的一次微分，$\phi_j'(x)$。以 4 個元素為例其對應各個節點的情形如圖 2-2 所示。

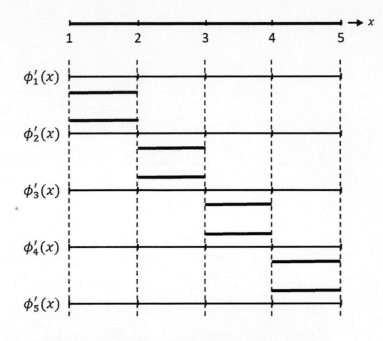

圖 2-2　基本函數一次微分

由圖 2-1 和圖 2-2 節點的基本函數和其微分的分佈,可以知道(2-11)
式對於領域的積分計算可以改變為先分別對元素計算然後在累加起
來。對於元素 1 來說,基本函數相乘有值的項為 $\phi_1^R(x)\phi_1^R(x)$、
$\phi_2^L(x)\phi_1^R(x)$, $\phi_1^R(x)\phi_2^L(x)$、$\phi_2^L(x)\phi_2^L(x)$,第 2 個元素基本函數相乘
有值的項為 $\phi_2^R(x)\phi_2^R(x)$、$\phi_3^L(x)\phi_2^R(x)$, $\phi_2^R(x)\phi_3^L(x)$、$\phi_3^L(x)\phi_3^L(x)$,
以此類推。以第 2 個元素為例,其計算式為:

$$\sum_{j=2}^{3} \int_{x_2}^{x_3} \left[\phi_i'(x)\phi_j'(x) + \phi_i(x)\phi_j(x) \right] dx \cdot u_j = \int_{x_2}^{x_3} x\phi_i(x)dx, \ i = 2,3 \quad (2\text{-}20)$$

式中,基本函數為定義在第 2 元素上面的部份。由於(2-20)式為計
算在單一元素上,在有限元素法中則定義元素的勁度矩陣和外力
(local stiffness and load vector),基本函數也定義在元素上面的自然
座標(natural coordinates),$-1 \le \xi \le +1$,稱為形狀函數(shape function)

方便計算，如圖 2-3 所示。

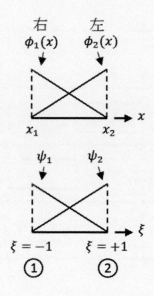

圖 2-3　元素上的形狀函數

在元素上面，以線性元素為例，節點為兩端點。形狀函數可以表示為：

$$\psi_1(\xi) = \frac{1-\xi}{2}, \ \psi_2(\xi) = \frac{1+\xi}{2} \tag{2-21}$$

一次微分表示式為：

$$\psi_1' = -\frac{1}{2}, \ \psi_2' = +\frac{1}{2} \tag{2-22}$$

留意到，形狀函數滿足形狀函數特性，即：

$$\psi_1(-1) = 1, \ \psi_1(+1) = 0 \tag{2-23a}$$

$$\psi_2(-1) = 0, \ \psi_2(+1) = 1 \tag{2-23b}$$

利用（2-21）-（2-22）式，配合圖 2-3 定義，元素的勁度可以計算為：

$$k_{ij} = \int_{x_1}^{x_2} \left[\phi_i'(x)\phi_j'(x) + \phi_i(x)\phi_j(x) \right] dx, \ i = 1, 2 \qquad (2\text{-}24)$$

留意到在有限元素法中，座標轉換的作法，

$$x(\xi) = \sum_{i=1}^{2} \psi_i(\xi) \cdot x_i = \psi_1(\xi) \cdot x_1 + \psi_2(\xi) \cdot x_2 \qquad (2\text{-}25)$$

$$\frac{dx}{d\xi} = \sum_{i=1}^{2} \psi_i'(\xi) \cdot x_i = \psi_1'(\xi) \cdot x_1 + \psi_2'(\xi) \cdot x_2$$

$$= -\frac{1}{2} x_1 + \frac{1}{2} x_2 = \frac{h}{2} \qquad (2\text{-}26)$$

其中，h 為元素長度。（2-25）式實際上已經應用到元素上形狀函數的定義，隱含元素的幾何座標和近似解函數的參數表示為相同，或稱為相同參數（isoparametric）。有關這點也是有限元素法中相當普遍的作法。其他的討論如 sub-parametric 或者 super-parametric 可參考其他相關有限元素法資料。元素的勁度（2-24）式可進一步表示為：

$$k_{ij} = \int_{-1}^{+1} \left[\psi_i'(\xi)\psi_j'(\xi) + \psi_i(\xi)\psi_j(\xi) \right] d\xi \frac{dx}{d\xi}$$

$$= \frac{h}{2} \int_{-1}^{+1} \left[\psi_i'(\xi)\psi_j'(\xi) + \psi_i(\xi)\psi_j(\xi) \right] d\xi \ , \ i = 1, 2 \qquad (2\text{-}27)$$

留意到元素勁度（2-27）式的結果僅與元素的長度有關，隱含如果元素長度相同，如領域等間距分割，則元素勁度只需計算一次即可。元素勁度計算結果為：

$$k_{11} = \frac{1}{h} + \frac{h}{3} \qquad (2\text{-}28a)$$

$$k_{12} = k_{21} = -\frac{1}{h} + \frac{h}{6} \tag{2-28b}$$

$$k_{22} = \frac{1}{h} + \frac{h}{3} \tag{2-28c}$$

由（2-28）式，元素的勁度矩陣可表示為：

$$[k]_{2\times 2} = \begin{bmatrix} \dfrac{1}{h} + \dfrac{h}{3} & -\dfrac{1}{h} + \dfrac{h}{6} \\[3mm] -\dfrac{1}{h} + \dfrac{h}{6} & \dfrac{1}{h} + \dfrac{h}{3} \end{bmatrix}_{2\times 2} \tag{2-29}$$

元素的外力向量為：

$$f_i = \int_{x_1}^{x_2} x\phi_i(x)dx, \ i = 1, 2 \tag{2-30}$$

$$f_1 = \int_{-1}^{+1} (\psi_1 x_1 + \psi_2 x_2) \cdot \psi_1 d\xi \frac{dx}{d\xi} = \frac{h}{6}(2x_1 + x_2) \tag{2-31a}$$

$$f_2 = \int_{-1}^{+1} (\psi_1 x_1 + \psi_2 x_2) \cdot \psi_2 d\xi \frac{dx}{d\xi} = \frac{h}{6}(2x_2 + x_1) \tag{2-31b}$$

由（2-31）式，外力矩陣則為：

$$[f]_{2\times 1} = \frac{h}{6} \begin{bmatrix} 2x_1 + x_2 \\ x_1 + 2x_2 \end{bmatrix}_{2\times 1} \tag{2-32}$$

在本例子中問題領域取 4 個元素 5 個節點，$h = 0.25$，同時，$x_1 = 0, x_2 = 0.25, x_3 = 0.5, x_4 = 0.75, x_5 = 1.0$。如圖 2-4 所示。圖中同時呈現節點號碼 1, 2, 3, 4, 5, 以及各元素號碼和對應的兩端節點號碼，如元素 1 的節點為 1, 2, 元素 2 的節點為 2, 3, 以此規則類推。

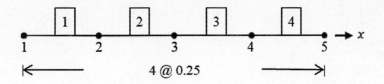

圖 2-4　計算領域取 4 個元素和 5 個節點

依據圖 2-4 所定的節點和元素號碼，則各元素的勁度矩陣分別為：

$$[k^1] = \frac{1}{24}\begin{bmatrix} 98 & -95 \\ -95 & 98 \end{bmatrix}_{2\times2} = \frac{1}{24}\begin{bmatrix} 98 & -95 & 0 & 0 & 0 \\ -95 & 98 & 0 & 0 & 0 \\ 0 & 0 & 0 & 0 & 0 \\ 0 & 0 & 0 & 0 & 0 \\ 0 & 0 & 0 & 0 & 0 \end{bmatrix}_{5\times5} = [K^1] \quad (2\text{-}33a)$$

$$[k^2] = \frac{1}{24}\begin{bmatrix} 98 & -95 \\ -95 & 98 \end{bmatrix}_{2\times2} = \frac{1}{24}\begin{bmatrix} 0 & 0 & 0 & 0 & 0 \\ 0 & 98 & -95 & 0 & 0 \\ 0 & -95 & 98 & 0 & 0 \\ 0 & 0 & 0 & 0 & 0 \\ 0 & 0 & 0 & 0 & 0 \end{bmatrix}_{5\times5} = [K^2] \quad (2\text{-}33b)$$

$$[k^3] = \frac{1}{24}\begin{bmatrix} 98 & -95 \\ -95 & 98 \end{bmatrix}_{2\times2} = \frac{1}{24}\begin{bmatrix} 0 & 0 & 0 & 0 & 0 \\ 0 & 0 & 0 & 0 & 0 \\ 0 & 0 & 98 & -95 & 0 \\ 0 & 0 & -95 & 98 & 0 \\ 0 & 0 & 0 & 0 & 0 \end{bmatrix}_{5\times5} = [K^3] \quad (2\text{-}33c)$$

$$[k^4] = \frac{1}{24}\begin{bmatrix} 98 & -95 \\ -95 & 98 \end{bmatrix}_{2\times2} = \frac{1}{24}\begin{bmatrix} 0 & 0 & 0 & 0 & 0 \\ 0 & 0 & 0 & 0 & 0 \\ 0 & 0 & 0 & 0 & 0 \\ 0 & 0 & 0 & 98 & -95 \\ 0 & 0 & 0 & -95 & 98 \end{bmatrix}_{5\times5} = [K^4] \quad (2\text{-}33d)$$

（2-33a）式為元素 1 的勁度矩陣，由於元素僅有兩個節點，因此就元素而言勁度矩陣為 2×2 的矩陣。但若以整個問題來看，由於整個問題有 5 個節點，因此就整個問題而言，元素的勁度矩陣為 5×5 的矩陣。需要留意的由於各元素兩端節點的號碼並不相同，因此，整個問題的勁度矩陣中，元素的值依據元素兩端節點號碼來排。另外，由上述結果可以看出，只要元素長度相同，元素勁度矩陣相同，但是以整個問題矩陣表出時，需要留意到元素矩陣係數要放到正確的位置。

另方面，元素的外力向量可表出為：

$$\left[f^1\right]_{2\times1} = \frac{1}{24}\begin{bmatrix} 0+0.25 \\ 0+0.5 \end{bmatrix} = \frac{1}{96}\begin{bmatrix} 1 \\ 2 \end{bmatrix} = \frac{1}{96}\begin{bmatrix} 1 \\ 2 \\ 0 \\ 0 \\ 0 \end{bmatrix} = \left[F^1\right]_{5\times1} \qquad (2\text{-}34a)$$

$$\left[f^2\right]_{2\times1} = \frac{1}{24}\begin{bmatrix} 0.5+0.5 \\ 0.25+1.0 \end{bmatrix} = \frac{1}{96}\begin{bmatrix} 4 \\ 5 \end{bmatrix} = \frac{1}{96}\begin{bmatrix} 0 \\ 4 \\ 5 \\ 0 \\ 0 \end{bmatrix} = \left[F^2\right]_{5\times1} \qquad (2\text{-}34b)$$

$$\left[f^3\right]_{2\times1} = \frac{1}{96}\begin{bmatrix} 7 \\ 8 \end{bmatrix} = \frac{1}{96}\begin{bmatrix} 0 \\ 0 \\ 7 \\ 8 \\ 0 \end{bmatrix} = \left[F^3\right]_{5\times1} \qquad (2\text{-}34c)$$

$$[f^4]_{2\times1} = \frac{1}{96}\begin{bmatrix} 10 \\ 11 \end{bmatrix} = \frac{1}{96}\begin{bmatrix} 0 \\ 0 \\ 0 \\ 10 \\ 11 \end{bmatrix} = [F^4]_{5\times1} \tag{2-34d}$$

（2-34a）式為元素 1 的外力向量，同樣的，就元素而言外力向量為
2x1 的向量，但若以整個問題來看，由於整個問題有 5 個節點，因此
就整個問題而言元素的外力向量為 5x1 的向量。同樣需要留意的，由
於各元素兩端節點的號碼並不相同，因此，整個問題的外力向量中，
元素的值依據元素兩端節點號碼來排。

利用上述元素的勁度矩陣（2-33）式和外力向量（2-34）式，可
以合成得到整個問題的勁度矩陣和外力向量。整個問題的勁度矩陣為
由（2-33）式 4 個元素合成：

$$[K]_{5\times5} = \sum_{e=1}^{4}[k^e]_{2\times2} = \frac{1}{24}\begin{bmatrix} 98 & -95 & 0 & 0 & 0 \\ -95 & 98+98 & -95 & 0 & 0 \\ 0 & -95 & 98+98 & -95 & 0 \\ 0 & 0 & -95 & 98+98 & -95 \\ 0 & 0 & 0 & -95 & 98 \end{bmatrix} \tag{2-35}$$

整個問題的外力向量也同樣由（23）式 4 個元素合成：

$$[F]_{5\times1} = \sum_{e=1}^{4}\left[f^e\right]_{2\times1} = \frac{1}{96}\begin{bmatrix} 1 \\ 2+4 \\ 5+7 \\ 8+10 \\ 11 \end{bmatrix} \tag{2-36}$$

在（2-35）（2-36）式中，個別元素的值依照元素矩陣呈現，但是在整個問題矩陣表示中，相同的節點的矩陣值則相加一起。

由上，整個問題的有限元素法矩陣式則可以表出為：

$$[K]_{5\times5}\{u\}_{5\times1} = \{F\}_{5\times1} \tag{2-37}$$

或完整表出為：

$$\frac{1}{24}\begin{bmatrix} 98 & -95 & 0 & 0 & 0 \\ -95 & 98+98 & -95 & 0 & 0 \\ 0 & -95 & 98+98 & -95 & 0 \\ 0 & 0 & -95 & 98+98 & -95 \\ 0 & 0 & 0 & -95 & 98 \end{bmatrix}\begin{Bmatrix} u_1 \\ u_2 \\ u_3 \\ u_4 \\ u_5 \end{Bmatrix} = \frac{1}{96}\begin{Bmatrix} 1 \\ 2+4 \\ 5+7 \\ 8+10 \\ 11 \end{Bmatrix} \tag{2-38}$$

至此，則所給定問題已經使用到控制方程式，至於邊界條件則仍尚未使用。接下來則使用邊界條建於上述（2-38）式的矩陣中，然後求解矩陣。

給定問題的邊界條件為 $u_1 = 0, u_5 = 0$，使用手算求解，則問題的矩陣式可分割為：

$$\frac{1}{24}\begin{bmatrix} 196 & -95 & 0 \\ -95 & 196 & -95 \\ 0 & -95 & 196 \end{bmatrix}\begin{Bmatrix} u_2 \\ u_3 \\ u_4 \end{Bmatrix} = \frac{1}{96}\begin{Bmatrix} 6 \\ 12 \\ 18 \end{Bmatrix} \tag{2-39}$$

若使用電腦計算，則在不改變矩陣大小的情形下，矩陣調整為：

$$\frac{1}{24}\begin{bmatrix} 1 & 0 & 0 & 0 & 0 \\ 0 & 98+98 & -95 & 0 & 0 \\ 0 & -95 & 98+98 & -95 & 0 \\ 0 & 0 & -95 & 98+98 & 0 \\ 0 & 0 & 0 & 0 & 1 \end{bmatrix}\begin{Bmatrix} u_1 \\ u_2 \\ u_3 \\ u_4 \\ u_5 \end{Bmatrix} = \frac{1}{96}\begin{Bmatrix} 0 \\ 6 \\ 12 \\ 18 \\ 0 \end{Bmatrix} \quad (2\text{-}40)$$

上述矩陣求解可得到 $u_2 = 0.035,\ u_3 = 0.057,\ u_4 = 0.050$。

利用有限元素法求解這個問題得到的近似解，利用有限元素的定義可以表出為：

$$u(x) = \sum_{j=1}^{5}\phi_j(x)u_j$$

$$= 0.035\phi_2(x) + 0.057\phi_3(x) + 0.050\phi_4(x) \quad (2\text{-}41)$$

（2-41）式的解可以和理論解析解作比較，另方面問題中元素的個素可以增加作計算。

綜合上述，利用有限元素法求解邊界值問題的程序，可以整理為：

(1) 給定問題包括控制方程式以及邊界條件。

(2) 得到一次降階的加權殘差式。

$$\int_0^1 (u'v' + u - x)v\,dx = u'v\big|_0^1 \quad (2\text{-}42)$$

(3) 利用 Galerkin 作法得到整個問題的矩陣表示式。

$$\sum_{j=1}^{N} K_{ij}u_j = F_i + u'(1)\phi_i(1) - u'(0)\phi_i(0)\ , \quad i = 1,2,\cdots,N \quad (2\text{-}43a)$$

$$K_{ij} = \int_0^1 \left(\phi_i' \phi_j' + \phi_i \phi_j \right) dx \tag{2-43b}$$

$$F_i = \int_0^1 x \phi_i \, dx \tag{2-43c}$$

(4) 問題的矩陣轉為元素矩陣的累加。

$$K_{ij} = \sum_{e=1}^{4} K_{ij}^e \tag{2-44a}$$

$$F_i = \sum_{e=1}^{4} F_i^e \tag{2-44b}$$

(5) 加上邊界條件，求解矩陣。

(6) 其他留意事項，Becker 書中元素的形狀函數並非標準的形狀函數 $-1 \le \xi \le +1$。

(7) 利用有限元素法進行計算，在程式的架構上面可以參考有限元素法的標準架構。

(8) 註解

$$k_{ij}^e = \int_{x_1}^{x_2} \left[\phi_i'(x) \phi_j'(x) + \phi_i(x) \phi_j(x) \right] dx \text{ 可以改寫為} \tag{2-45a}$$

$$\begin{aligned} k_{ij}^e &= \int_{x_1}^{x_2} \left[\frac{d\psi_i(\xi)}{dx} \frac{d\psi_j(\xi)}{dx} + \psi_i(\xi)\psi_j(\xi) \right] dx \\ &= \int_{-1}^{+1} \left[\frac{d\psi_i(\xi)}{d\xi} \left(\frac{d\xi}{dx} \right) \cdot \frac{d\psi_j(\xi)}{d\xi} \left(\frac{d\xi}{dx} \right) + \psi_i(\xi)\psi_j(\xi) \right] \frac{dx}{d\xi} d\xi \end{aligned} \tag{2-45b}$$

座標轉換關係。在有限元素法中可以利用形狀函數得到，利用形狀函數表示座標：

$$x = \sum_{i=1}^{2} \psi_i(\xi) \cdot x_i \qquad (2\text{-}46)$$

則可以利用來得到微分關係：

$$\frac{dx}{d\xi} = \sum_{i=1}^{2} \frac{d\psi_i}{d\xi} \cdot x_i = \frac{d\psi_1}{d\xi} \cdot x_1 + \frac{d\psi_2}{d\xi} \cdot x_2 \qquad (2\text{-}47)$$

代入形狀函數表示式可得：

$$x = \frac{1-\xi}{2} \cdot x_1 + \frac{1+\xi}{2} \cdot x_2 = x_1 + \frac{h}{2}(1+\xi) \qquad (2\text{-}48a)$$

$$\frac{dx}{d\xi} = -\frac{1}{2} \cdot x_1 + \frac{1}{2} \cdot x_2 = \frac{h}{2} \qquad (2\text{-}48b)$$

由此，

$$
\begin{aligned}
k_{11}^e &= \int_{-1}^{+1}\left[\frac{d\psi_1(\xi)}{d\xi}\left(\frac{d\xi}{dx}\right)\cdot\frac{d\psi_1(\xi)}{d\xi}\left(\frac{d\xi}{dx}\right) + \psi_1(\xi)\psi_1(\xi)\right]\frac{dx}{d\xi}d\xi \\
&= \int_{-1}^{+1}\left[\frac{-1}{2}\left(\frac{2}{h}\right)\cdot\frac{-1}{2}\left(\frac{2}{h}\right) + \frac{1-\xi}{2}\frac{1-\xi}{2}\right]\frac{h}{2}d\xi \qquad (2\text{-}49a)\\
&= \frac{1}{h} + \int_{-1}^{+1}\left(\frac{1-2\xi+\xi^2}{4}\right)\frac{h}{2}d\xi \\
&= \frac{1}{h} + \frac{h}{8}\left(2+\frac{2}{3}\right) = \frac{1}{h} + \frac{h}{3}
\end{aligned}
$$

$$
\begin{aligned}
k_{12}^e &= \int_{-1}^{+1}\left[\frac{d\psi_1(\xi)}{d\xi}\left(\frac{d\xi}{dx}\right)\cdot\frac{d\psi_2(\xi)}{d\xi}\left(\frac{d\xi}{dx}\right) + \psi_1(\xi)\psi_2(\xi)\right]\frac{dx}{d\xi}d\xi \\
&= \int_{-1}^{+1}\left[\frac{-1}{2}\left(\frac{2}{h}\right)\cdot\frac{1}{2}\left(\frac{2}{h}\right) + \frac{1-\xi}{2}\frac{1+\xi}{2}\right]\frac{h}{2}d\xi \qquad (2\text{-}49b)\\
&= -\frac{1}{h} + \int_{-1}^{+1}\left(\frac{1-\xi^2}{4}\right)\frac{h}{2}d\xi \\
&= -\frac{1}{h} + \frac{h}{8}\left(2-\frac{2}{3}\right) = -\frac{1}{h} + \frac{h}{6}
\end{aligned}
$$

$$k_{21}^e = k_{12}^e \tag{2-49c}$$

$$
\begin{aligned}
k_{22}^e &= \int_{-1}^{+1} \left[\frac{d\psi_2(\xi)}{d\xi}\left(\frac{d\xi}{dx}\right) \cdot \frac{d\psi_2(\xi)}{d\xi}\left(\frac{d\xi}{dx}\right) + \psi_2(\xi)\psi_2(\xi) \right] \frac{dx}{d\xi} d\xi \\
&= \int_{-1}^{+1} \left[\frac{1}{2}\left(\frac{2}{h}\right) \cdot \frac{1}{2}\left(\frac{2}{h}\right) + \frac{1+\xi}{2}\frac{1+\xi}{2} \right] \frac{h}{2} d\xi \\
&= \frac{1}{h} + \int_{-1}^{+1} \left(\frac{1+2\xi+\xi^2}{4} \right) \frac{h}{2} d\xi \\
&= \frac{1}{h} + \frac{h}{8}\left(2+\frac{2}{3}\right) = \frac{1}{h} + \frac{h}{3}
\end{aligned} \tag{2-49d}
$$

同樣的，外力項也可以計算：

$$F_i^e = \int_{x_1}^{x_2} x\phi_i(x)dx \tag{2-50}$$

使用形狀函數代入可得：

$$
\begin{aligned}
F_1^e &= \int_{x_1}^{x_2} x \cdot \phi_1(x)dx \\
&= \int_{-1}^{1} \left(\psi_1 x_1 + \psi_2 x_2\right) \cdot \psi_1(\xi)\frac{dx}{d\xi}d\xi \\
&= \int_{-1}^{1} \left[x_1 + \frac{h}{2}(1+\xi) \right] \cdot \frac{(1-\xi)}{2}\left(\frac{h}{2}\right) d\xi \\
&= \frac{h}{2}x_1 + \frac{h^2}{8}(2-\frac{2}{3}) = \frac{h}{2}x_1 + \frac{h^2}{6}
\end{aligned} \tag{2-50a}
$$

$$F_2^e = \int_{x_1}^{x_2} x \cdot \phi_2(x)dx$$

$$= \int_{-1}^{1} (\psi_1 x_1 + \psi_2 x_2) \cdot \psi_2(\xi) \frac{dx}{d\xi}d\xi$$

$$= \int_{-1}^{1} \left[x_1 + \frac{h}{2}(1+\xi) \right] \cdot \frac{(1+\xi)}{2} \left(\frac{h}{2} \right) d\xi \qquad (2\text{-}50b)$$

$$= \frac{h}{2}x_1 + \frac{h^2}{8}(2 + \frac{2}{3}) = \frac{h}{2}x_1 + \frac{h^2}{3}$$

元素外力項矩陣整理可得：

$$\{F^e\}_{2\times 1} = \begin{Bmatrix} \dfrac{h}{2}x_1 + \dfrac{h^2}{6} \\[2mm] \dfrac{h}{2}x_1 + \dfrac{h^2}{3} \end{Bmatrix} \qquad (2\text{-}51)$$

(9) 上述計算幾何座標和求解函數使用相同形狀函數（內插函數）來
描述變化，或說為使用相同的參數來描述，稱為相同參數元素
（isoparametric element）。然而在實際問題上，問題領域的幾何形
狀和求解函數的變化並不一定相同，如電纜線中電流的問題，電
纜線可能為彎曲形狀，但是其中的電流卻為線性變化；又如房間
中的冷氣溫度分佈問題，空間幾何形狀簡單，但是溫度變化可能
為指數型態分佈。因此，使用相同參數描述幾何形狀和函數並不
一定恰當。然而在有限元素法中，所取元素可以隨意減小，元素
上的幾何形狀和求解函數使用相同參數，可以在收斂的概念下得
到滿意的結果。

(10) 一維問題的計算其方法使用在直角座標定義的問題上，也可以應
用在曲線座標(curvilinear)的一維問題上。在後續的二維問題中，
其圍繞領域的邊界即為曲線，需要使用一維問題的計算。

(11) 進入二維問題的有限元素法，其計算概念和方法為一維問題的延
伸，只是在維度上不同，可以為二維平面或曲面，包括問題的幾
何領域以及所求解的函數。

【練習問題 2-1】

利用有限元素法計算邊界值問題（2-1）（2-2）式，得到結果並與解析
解（2-3）式比較。結果如圖 E2-1 所示。

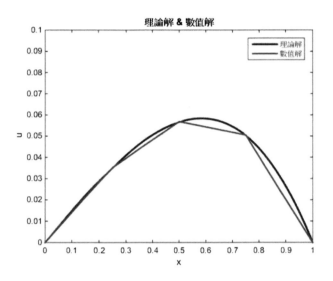

圖 E2-1　練習 2-1 結果

練習問題 2-1 Matlab 程式：

```matlab
clear all
%設n為元素個數,h為元素長度
n=4;h=1/n;
%定出節點座標x
for i=1:n
    x(i)=(i-1)*h;
end
x(n+1)=1;
%建立各元素的節點
x_node=zeros(n,2);
for i=1:n
    x_node(i,1:2)=i:i+1;
end
%建立各元素的係數矩陣k
k=zeros(2);
k=[1/h+h/3,-1/h+h/6;-1/h+h/6,1/h+h/3];
%建立整個問題的勁度矩陣K
K=zeros(n+1);
for i=1:n
    K(i,i)=K(i,i)+k(1,1);
    K(i,i+1)=K(i,i+1)+k(1,2);
    K(i+1,i)=K(i+1,i)+k(2,1);
    K(i+1,i+1)=K(i+1,i+1)+k(2,2);
end
```

```
%建立整個問題的外力矩陣F
F=zeros(n+1,1);
for i=1:n
    for j=1:2
        ng(1,j)=x_node(i,j);
    end
        F(ng(1,1),1)=F(ng(1,1),1)+(h/6)*(2*x(i)+x(i+1));
        F(ng(1,2),1)=F(ng(1,2),1)+(h/6)*(x(i)+2*x(i+1));
end
%第NN節點加入Delta
%NN=n/2+1;
%F(NN,1)=F(NN,1)+0.09;
%帶入邊界條件,求解整個問題矩陣式Ku=F,u即為所求
K(1,:)=zeros(1,n+1);K(n+1,:)=zeros(1,n+1);
K(:,1)=zeros(n+1,1);K(:,n+1)=zeros(n+1,1);
K(1,1)=1;K(n+1,n+1)=1;
F(1,1)=0;F(n+1,1)=0;
u=K^-1*F;
%畫與理論解的比較圖
U=zeros(1,n+1);
U(1,2:n)=u(2:n,1);U(1,1)=0;U(1,n+1)=0

X=0:0.01:1;
```

```
D=X-sinh(X)/sinh(1);
x=0:1/n:1

figure
plot (X,D,'r','LineWidth',2);title('理論解 & 數值解');
xlabel('x');ylabel('u');axis([0,1,0,0.1]);
hold on;
plot (x,U,'LineWidth',2);
legend('理論解','數值解');
hold off;
```

2.2 一維通式問題

　　這裡要考慮的為一維問題裡面有不連續的情形，參考的內容主要為 Becker et al. (1981) 書中的內容。不連續條件處理的方法最好由理論來了解，因此，在介紹上會由連續方程式來建立然後再藉以說明不連續條件的處理方式。所考慮的一維通式問題如圖 2-5 所示，問題的領域為 $0 \le x \le \ell$，領域中 x_1 到 x_2 物理特性為 k_1，x_2 到 x_5 範圍物理特性為 k_2。外力函數 $f(x)$ 在 x_4 位置有個不連續點，而在 x_3 有集中外力 $\hat{f} \cdot \delta(x - x_3)$ 作用。

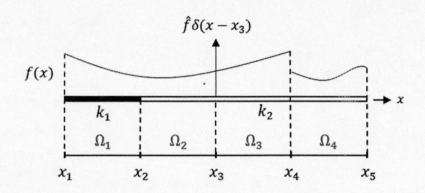

圖 2-5　一維通式問題示意圖

控制方程式推導

　　由守恆定律（conservation law），若考慮不可壓縮物質，質量守恆的概念為"進來多少才能出去多少"。考慮 dx 範圍，則出去的量等於外力函數所產生的量，如圖 2-6 所示。

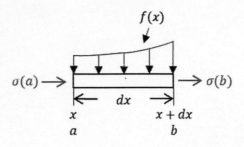

圖 2-6　質量守恆定律示意圖

$$\sigma(b) - \sigma(a) = \int_a^b f(x)dx \qquad (2\text{-}52)$$

寫成微分式則為：

$$\frac{d\sigma(x)}{dx} = f(x) \qquad (2\text{-}53)$$

（2-53）式中 σ 為通量（flux），需要進一步表示成主要（primary）變數才有利於問題求解。因此需要組成方程式（constitutive equation）。由組成方程式，通量 σ 可用更基本的物理量 u 表示，

$$\sigma(x) = -k(x) \cdot \frac{du(x)}{dx} \qquad (2\text{-}54)$$

以結構力學為例，σ 為應力，u 為位移，ε 為應變，E 為彈性係數，則：

$$\begin{aligned}
\sigma &= E \cdot \varepsilon \\
&= E \cdot \frac{du}{dx}
\end{aligned} \qquad (2\text{-}55a)$$

以流體運動為例，σ 為流速，Φ 為勢函數，則可表示為：

$$\sigma = -\frac{d\Phi}{dx} \tag{2-55b}$$

則（2-54）式代入（2-53）式可得：

$$-\frac{d}{dx}\left[k(x)\cdot\frac{du(x)}{dx}\right] = f(x) \tag{2-56}$$

若（2-54）式包括其他關聯項：

$$\frac{d\sigma(x)}{dx} = f(x) - b(x)u(x) - \frac{du(x)}{dt} \tag{2-57}$$

其中：

$$\begin{aligned}
\frac{du(x)}{dt} &= \frac{\partial u}{\partial t} + \frac{\partial u}{\partial x}\frac{dx}{dt} \\
&= \frac{\partial u}{\partial t} + c(x)\frac{\partial u}{\partial x}
\end{aligned} \tag{2-58}$$

若考慮 steady 與時間無關，$\frac{\partial u}{\partial t} = 0$，則（2-57）式可寫為：

$$\frac{d\sigma(x)}{dx} = f(x) - b(x)u(x) - c(x)\frac{du(x)}{dx} \tag{2-59}$$

（2-56）式代入（2-59）式，把 $u(x)$ 關係項移到等號左邊，可得：

$$-\frac{d}{dx}\left[k(x)\frac{du(x)}{dx}\right] + c(x)\frac{du(x)}{dx} + b(x)u(x) = f(x) \tag{2-60}$$

（2-60）式為一維二階常微分方程式（2nd-order Ordinary Differential Equation），式子中包括二次微分項，一次微分項、以及不微分項。

在有限元素法的處理上，對於問題的求解首先以不連續位置作分段。把計算領域分成 Ω_i，$i = 1,2,3,4$，如此則每個分段 Ω_i 都為連續

的（continuous）計算領域。接著再來看不連續位置會出現的條件表示
式。

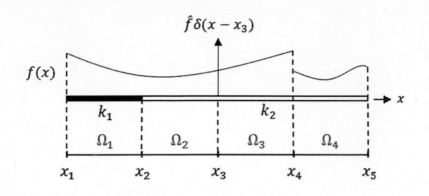

圖 2-7　一維通式問題示意圖

(1)　不連續位置的條件

　　由通率守恆，（2-52）式，$\sigma(b) - \sigma(a) = \int_a^b f(x)dx$，考慮 $a \to x_2^-$，

$b \to x_2^+$，則由於等號右邊積分上下限趨近於零，因此積分結果為零，
即：

$$\sigma(x_2^+) - \sigma(x_2^-) = 0 \tag{2-61}$$

或表示為：

$$\left[\sigma(x_2)\right] = 0 \tag{2-62}$$

同理在 $x = x_4$ 位置也可以證明得到：

$$\left[\sigma(x_4)\right] = 0 \tag{2-63}$$

但是在 $x = x_3$ Delta 函數所在位置，令 $f(x) = \bar{f}(x) + \hat{f} \cdot \delta(x - x_2)$，其中 $\bar{f}(x)$ 為連續函數的部份，則（2-52）式可以表示為：

$$\sigma(x_3^+) - \sigma(x_3^-) = \int_{x_3^-}^{x_3^+} f(x)dx$$

$$= \int_{x_3^-}^{x_3^+} \bar{f}(x)dx + \int_{x_3^-}^{x_3^+} \hat{f} \cdot \delta(x - x_3)dx \qquad (2\text{-}64)$$

$$= \hat{f}$$

上式中使用到 Delta 函數之定義。因此，在 Delta 函數所在位置的條件為：

$$\left[\sigma(x_3)\right] = \hat{f} \qquad (2\text{-}65)$$

(2) 邊界條件（$x=x_1$, $x=x_5$）

　　一維問題由於問題領域在線上（直線或曲線），因此邊界當然為兩端點，或稱為兩點邊界值問題（two-point Boundary-Value Problem）。邊界條件的形式，一種為給定函數值 u，另一種為給定函數微分值 $\dfrac{du}{dx}$。在有限元素法中，邊界條件給定 $u = \bar{u}$，稱為 essential（必要）邊界條件，若給定 $\sigma = \bar{\sigma}$，即給定 $\dfrac{du}{dx}$，則稱為 natural（自然）邊界條件（留意到控制方程式為以 u 為變數）。到此，則一維問題的控制方程式、邊界條件、以及不連續點條件，均已定義。

【邊界值問題】

$$-\frac{d}{dx}\left[k(x)\frac{du(x)}{dx}\right] + c(x)\frac{du(x)}{dx} + b(x)u(x) = f(x) \qquad (2\text{-}66)$$

不連續條件：

$$[\sigma(x_2)] = 0 \tag{2-67a}$$

$$[\sigma(x_3)] = \hat{f} \tag{2-67b}$$

$$[\sigma(x_4)] = 0 \tag{2-67c}$$

邊界條件為給定通量 σ ，或給定 u 。

【註】有關 <u>Delta function</u> 定義可以參考連結
https://www.youtube.com/watch?v=4qfdCwys2ew

2.3 一維通式問題加權殘差弱滿足表示式

　　有關數值方法求解邊界值問題的加權殘差法在前面已經說明，本節簡單重複敘述，需要留意的只在於加權函數為使用函數來表示，基本上作法是相同的，讀者需要留意不同之處。利用數值方法求得近似解 $u(x)$ ，以近似解代入控制方程式可得誤差函數（error function），其亦為座標 x 的函數，也稱為殘差函數（residual function）。

$$r(x) = -[k(x)u'(x)]' + c(x)u'(x) + b(x)u(x) - f(x) \tag{2-68}$$

在數值處理上，為希望利用某一種概念，讓 $r(x)$ 在計算範圍內為最小（最小為零），在此為利用加權（weighting）的概念，引進加權函數 $\upsilon(x)$ 。殘差函數乘上加權函數然後對整個計算領域積分起來。在此則為對連續的領域 Ω_i 積分，得到加權殘差表示式，

$$\int_{\Omega_i} r(x) \cdot \upsilon(x) dx = 0 \tag{2-69}$$

上式為對領域中沒有不連續點的部份領域 Ω_i 作積分。就整個問題而言則為：

$$\sum_{i=1}^{4} \int_{\Omega_i} r(x) \cdot \upsilon(x) dx = 0 \qquad (2\text{-}70)$$

在求解上，近似解為利用數學函數來表示，如：

$$u(x) = \sum_{j=1}^{N} \alpha_j \phi_j(x) \qquad (2\text{-}71)$$

其中，α_j 為未定係數，$\phi_j(x)$ 稱為基本函數（basis function）。近似解表示式需要能夠滿足控制方程式的可微分性，在此為兩次可微分，而在概念上為微分性越高近似解函數越難建立。因此，加權殘差表示式中的函數希望把微分性降階。另外，在加權殘差式中，近似解和加權函數兩者的可微分性也希望不要差距太大。基於這兩者的考量，就會考慮把近似解的微分性降階。（2-68）式代入（2-69）式且針對含有高次微分項降階（在此就是二階微分項），

$$-\int_{\Omega i} (ku')' \cdot \upsilon dx = -\int_{\Omega i} \left[(ku'\upsilon)' - ku'\upsilon' \right] dx$$
$$= \int_{\Omega i} ku'\upsilon' dx - ku'\upsilon \Big|_{x_i}^{x_{i+1}} \qquad (2\text{-}72)$$

加權殘差式則改寫為：

$$\int_{\Omega_i} r \cdot \upsilon dx = \int_{\Omega_i} (ku'\upsilon' + cu'\upsilon + bu\upsilon) dx - \int_{\Omega_i} f\upsilon dx - ku'\upsilon \Big|_{x_{i+1}} + ku'\upsilon \Big|_{x_i}$$

$$(2\text{-}73)$$

以上過程適用於問題中的各個分區（ $i = 1, 2, 3, 4$ ），表示式分別為：

$i = 1$ ，

$$\int_{\Omega_1} r \cdot \upsilon dx = \int_{\Omega_1} \left(ku'\upsilon' + cu'\upsilon + bu\upsilon \right) dx - \int_{\Omega_1} f\upsilon dx - ku'\upsilon\big|_{x_2^-} + ku'\upsilon\big|_{x_1}$$

(2-74a)

$i = 2$ ，

$$\int_{\Omega_2} r \cdot \upsilon dx = \int_{\Omega_2} \left(ku'\upsilon' + cu'\upsilon + bu\upsilon \right) dx - \int_{\Omega_2} f\upsilon dx - ku'\upsilon\big|_{x_3^-} + ku'\upsilon\big|_{x_2^+}$$

(2-74b)

$i = 3$ ，

$$\int_{\Omega_3} r \cdot \upsilon dx = \int_{\Omega_3} \left(ku'\upsilon' + cu'\upsilon + bu\upsilon \right) dx - \int_{\Omega_3} f\upsilon dx - ku'\upsilon\big|_{x_4^-} + ku'\upsilon\big|_{x_3^+}$$

(2-74c)

$i = 4$ ，

$$\int_{\Omega_4} r \cdot \upsilon dx = \int_{\Omega_4} \left(ku'\upsilon' + cu'\upsilon + bu\upsilon \right) dx - \int_{\Omega_4} f\upsilon dx - ku'\upsilon\big|_{x_5^-} + ku'\upsilon\big|_{x_4^+}$$

(2-74d)

就整個問題而言：

$$\sum_{i=1}^{4} \int_{\Omega_i} r \cdot \upsilon dx = \int_0^{\ell} r \cdot \upsilon dx = 0 \qquad (2\text{-}75)$$

將（2-74a）式~（2-74d）式代入（2-75）式整理可得：

$$\int_0^\ell \left(ku'\upsilon' + cu'\upsilon + bu\upsilon\right)dx = \int_0^\ell \overline{f}\upsilon dx + \left[ku'\left(x_2\right)\right]\cdot\upsilon\left(x_2\right) + \left[ku'\left(x_3\right)\right]\cdot\upsilon\left(x_3\right)$$
$$+ \left[ku'\left(x_4\right)\right]\cdot\upsilon\left(x_4\right) + ku'\upsilon\big|_{x=0} - ku'\upsilon\big|_{x=\ell} = 0$$

(2-76)

代入 x_2, x_3, x_4 不連續條件，

$$\int_0^\ell \left(ku'\upsilon' + cu'\upsilon + bu\upsilon\right)dx = \int_0^\ell \overline{f}\upsilon dx + \hat{f}\upsilon\left(x_3\right) - ku'\upsilon\big|_{x=0} + ku'\upsilon\big|_{x=\ell}$$

(2-77)

（2-77）式為利用加權殘差法，將整個問題包括控制方程式、不連續條件、以及邊界條件的型式，整合在一個方程式中，此式稱為兩點邊界值問題之變分敘述（variational statement of a two-point boundary value problem），或加權殘差之弱滿足式子（weighted residual weak formulation）。至於邊界條件的真正使用則留待有限元素法矩陣計算式得到後，才代入求解問題。另外，在此稱為弱滿足（weak）之原因，為本來近似解需要滿足控制方程式二次微分性要求，但是由於加權殘差積分式使用降階作法，最後近似解卻只需滿足一次微分即可，因此近似解需要滿足的微分性要求較弱（weak）之故。

在此需要強調的，一維問題通式的推導，目的在於說明不連續條件的部份。由最後的結果（2-77）式來看，可知不連續條件只有 Delta 函數會呈現在式子裡面。同時，Delta 函數定義的值出現在所定義的位置。在作法上則為直接在整個問題的式子中，直接將 Delta 函數定義的值加在該位置即可。在有限元素法中，Delta 函數定義的位置必須為節點，也就是說直接將 Delta 函數定義的值加在該位置對應的節點即可。另外，不連續位置出現在有限元素法的處理方式，也適用於連續領域中元素和元素交點位置的說明，但是結果也如同沒有 Delta

函數的不連續位置一樣沒有多出來的計算項出現。

2.4 元素矩陣計算

Galerkin weak 表示式可建立在 $\Omega_i\left(s_1 \leq x \leq s_2\right)$ 連續的分區上，

$$\int_{s_1}^{s_2}\left(ku'\upsilon' + cu'\upsilon + bu\upsilon\right)dx = \int_{s_1}^{s_2}\bar{f}\upsilon dx - ku'\left(s_1\right)\upsilon\left(s_1\right) + ku'\left(s_2\right)\upsilon\left(s_2\right) \quad (2\text{-}78)$$

若分區上設定元素，則在元素上 $\Omega^e\left(s_1^e \leq x \leq s_2^e\right)$ 也可寫出加權殘差弱表示式，而由於元素為在區間中，因此亦為連續區間。

$$\int_{s_1^e}^{s_2^e}\left(ku'\upsilon' + cu'\upsilon + bu\upsilon\right)dx = \int_{s_1^e}^{s_2^e}\bar{f}\upsilon dx + \sigma\left(s_1^e\right)\upsilon\left(s_1^e\right) - \sigma\left(s_2^e\right)\upsilon\left(s_2^e\right) \quad (2\text{-}79)$$

上式中定義 $\sigma = -ku'$。u 代入形狀函數表示式 $u^e = \sum_{j=1}^{N_e} u_j \cdot \psi_j\left(\xi\right)$，加權函數 υ 直接代入形狀函數 $\psi_i\left(\xi\right)$，$i = 1,2,...,N_e$，整理可得：

$$\sum_{j=1}^{N_e} k_{ij}^e u_j^e = f_i^e + \sigma\left(s_1^e\right)\psi_i\left(s_1^e\right) - \sigma\left(s_2^e\right)\psi_i\left(s_2^e\right)，$$

$$i = 1,2,\cdots,N_e \quad (2\text{-}80)$$

其中

$$k_{ij}^e = \int_{s_1^e}^{s_2^e}\left(k\psi_i'\psi_j' + c\psi_i\psi_j' + b\psi_i\psi_j\right)dx \quad (2\text{-}81)$$

$$f_i^e - \int_{s_1^e}^{s_2^e}\bar{f}\psi_i dx \quad (2\text{-}82)$$

上述為一個元素的表示式。接下去為把元素的表示式組合（assemble）起來。以原來的積分式來看，等號左邊為：

$$\int_{s_1}^{s_2} \left(ku'\upsilon' + cu'\upsilon + bu\upsilon \right) dx = \sum_e \int_{\Omega^e} \left(ku'\upsilon' + cu'\upsilon + bu\upsilon \right) dx$$

$$= \sum_e \sum_{i=1}^{N_e} \left(\sum_{j=1}^{N_e} k_{ij}^e u_j^e \right) \tag{2-83}$$

等號右邊為：

$$\int_{s_1}^{s_2} \bar{f}\upsilon dx = \sum_e \int_{\Omega^e} \bar{f}\upsilon dx$$

$$= \sum_e \sum_{i=1}^{N_e} f_i^e \tag{2-84}$$

上述的說明為針對一個連續的分區來說明取了元素後合成起來並不會由於元素的分段造成不同得積分結果。

　　當然每一分區的元素組合後（每個元素兩端點 flux 條件抵消），接著為把各分區 Ω_i 連接起來，然後在分區點加上存在的 Delta 函數的值 $\hat{f}$（其他的分區點不連續條件皆抵消，只剩下左右兩端點的 flux 表示式）。最後再把剩下的邊界條件加上。以線性元素（linear element），元素上為 2 個節點，即 $N_e = 2$ 為例，則元素的矩陣式可寫為：

$$\sum_{j=1}^{2} k_{ij}^e u_j^e = f_i^e + \sigma\left(s_1^e\right)\psi_i\left(s_1^e\right) - \sigma\left(s_2^e\right)\psi_i\left(s_2^e\right), \quad i = 1, 2 \tag{2-85}$$

兩個節點的式子可以分別寫為：

$$i = 1, \quad k_{11}^e u_1^e + k_{12}^e u_2^e = f_1^e + \sigma\left(s_1^e\right)\psi_1\left(s_1^e\right) - \sigma\left(s_2^e\right)\psi_1\left(s_2^e\right) \tag{2-86a}$$

$$i = 2, \quad k_{21}^e u_1^e + k_{22}^e u_2^e = f_2^e + \sigma\left(s_1^e\right)\psi_2\left(s_1^e\right) - \sigma\left(s_2^e\right)\psi_2\left(s_2^e\right) \tag{2-86b}$$

上式中利用形狀函數的特性 $\psi_1(s_1^e) = 1, \psi_1(s_2^e) = 0$ 以及

$\psi_2(s_1^e) = 0, \psi_2(s_2^e) = 1$，元素矩陣式可整理為：

$$\begin{bmatrix} k_{11}^e & k_{12}^e \\ k_{21}^e & k_{22}^e \end{bmatrix}_{2\times 2} \begin{Bmatrix} u_1^e \\ u_2^e \end{Bmatrix}_{2\times 1} = \begin{Bmatrix} f_1^e & +\sigma\left(s_1^e\right) \\ f_2^e & -\sigma\left(s_2^e\right) \end{Bmatrix}_{2\times 1} \tag{2-87}$$

若考慮問題元素格網（mesh）如圖 2-7，第一個元素節點為 1 和 2，第二個元素的節點為 2 和 3，而對整個問題的節點為由左到右順序給號碼。由圖也可以知道元素 1 的第二個節點與元素 2 的第一個節點同為節點 2，即 $s_1^1 = x_1$，$s_2^1 = s_1^2 = x_2$，$s_2^2 = x_3$。在函數值方面則為 $u_1^1 = u_1$，$u_2^1 = u_1^2 = u_2$，$u_2^2 = u_3$。

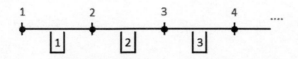

圖 2-8　元素號碼，節點號碼，整個問題元素格網

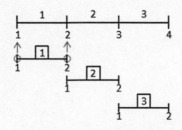

圖 2-9　整個問題元素和節點與元素的節點

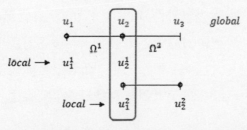

圖 2-10　整個問題節點的函數與元素上節點的函數

由（2-87）式各個元素矩陣式可分別寫出為：

元素 $e=1$ 的矩陣式為：

$$\begin{bmatrix} k_{11}^1 & k_{12}^1 \\ k_{21}^1 & k_{22}^1 \end{bmatrix}_{2\times2} \begin{pmatrix} u_1^1 \\ u_2^1 \end{pmatrix}_{2\times1} = \begin{pmatrix} f_1^1 & +\sigma\left(s_1^1\right) \\ f_2^1 & -\sigma\left(s_2^1\right) \end{pmatrix}_{2\times1} \tag{2-88a}$$

元素 $e=2$ 的矩陣式為：

$$\begin{bmatrix} k_{11}^2 & k_{12}^2 \\ k_{21}^2 & k_{22}^2 \end{bmatrix}_{2\times2} \begin{pmatrix} u_1^2 \\ u_2^2 \end{pmatrix}_{2\times1} = \begin{pmatrix} f_1^2 & +\sigma\left(s_1^2\right) \\ f_2^2 & -\sigma\left(s_2^2\right) \end{pmatrix}_{2\times1} \tag{2-88b}$$

連續兩個元素，元素 1 和元素 2 的矩陣式合成（assemble）可得：

$$\begin{bmatrix} k_{11}^1 & k_{12}^1 & 0 \\ k_{21}^1 & k_{22}^1+k_{11}^2 & k_{12}^2 \\ 0 & k_{21}^2 & k_{22}^2 \end{bmatrix}_{3\times3} \begin{pmatrix} u_1 \\ u_2 \\ u_3 \end{pmatrix}_{3\times1} = \begin{pmatrix} f_1^1+\sigma(x_1) \\ f_2^1+f_1^2-\sigma(x_2^-)+\sigma(x_2^+) \\ f_2^2-\sigma(x_3) \end{pmatrix}_{3\times1} \tag{2-89}$$

或利用元素間 jump 的條件表示式：

$$\begin{bmatrix} k_{11}^1 & k_{12}^1 & 0 \\ k_{21}^1 & k_{22}^1+k_{11}^2 & k_{12}^2 \\ 0 & k_{21}^2 & k_{22}^2 \end{bmatrix}_{3\times3} \begin{pmatrix} u_1 \\ u_2 \\ u_3 \end{pmatrix}_{3\times1} = \begin{pmatrix} f_1^1+\sigma(x_1) \\ f_2^1+f_1^2+[\sigma(x_2)] \\ f_2^2-\sigma(x_3) \end{pmatrix}_{3\times1} \tag{2-90}$$

上述元素組合的程序可以延伸到整個問題的元素上。留意到就整個一維通式問題，先對不連續位置定分區點，然後各分區取元素，然後整個問題領域建置元素格網，因此，上述元素組合後可以得到整個問題的矩陣方程式。若以三個元素四個節點為例，則整個問題的矩陣式可得到為：

$$\begin{bmatrix} k_{11}^1 & k_{12}^1 & 0 & 0 \\ k_{21}^1 & k_{22}^1 + k_{11}^2 & k_{12}^2 & 0 \\ 0 & k_{21}^2 & k_{22}^2 + k_{11}^3 & k_{12}^3 \\ 0 & 0 & k_{21}^3 & k_{22}^3 \end{bmatrix}_{4\times4} \begin{pmatrix} u_1 \\ u_2 \\ u_3 \\ u_4 \end{pmatrix}_{4\times1} = \begin{pmatrix} f_1^1 + \sigma(x_1) \\ f_2^1 + f_1^2 \\ f_2^2 + f_1^3 \\ f_2^3 - \sigma(x_4) \end{pmatrix}_{4\times1} \quad (2\text{-}91)$$

上式中由於分區均為連續，因此沒有 Delta 函數。

　　若以通式來表示，考慮整個問題 N 個節點，N-1 個元素，整個問題的矩陣式可以寫為：

$$\begin{bmatrix} k_{11}^1 & k_{12}^1 & 0 & 0 & 0 \\ k_{21}^1 & k_{22}^1 + k_{11}^2 & 0 & 0 & 0 \\ 0 & 0 & \ddots & \vdots & \vdots \\ 0 & 0 & \cdots & k_{22}^{N-2} + k_{11}^{N-1} & k_{12}^{N-1} \\ 0 & 0 & \cdots & k_{21}^{N-1} & k_{22}^{N-1} \end{bmatrix}_{N\times N} \begin{pmatrix} u_1 \\ u_2 \\ \vdots \\ u_{N-1} \\ u_N \end{pmatrix}_{N\times1}$$

$$= \begin{pmatrix} f_1^1 + \sigma(x_1) \\ f_2^1 + f_1^2 \\ \vdots \\ f_2^{N-2} + f_1^{N-1} + \hat{f}(x_2) \\ f_2^{N-1} - \sigma(x_N) \end{pmatrix}_{N\times1} \quad (2\text{-}92)$$

上式中整個問題取 N 個節點，$N-1$ 個元素，等號右邊元素通量連續僅有 x_3 位置有值。至此，一維問題邊界條件仍需要再代入才再求解矩陣。

【註】

1. 一般問題的求解不會去記憶通式的型式，而是直接對控制方程式利用加權殘差法進行推導，得到要用的計算式。

2. 所求解問題最後轉變為矩陣求解：

$$[K]\{u\} = \{F\}$$

矩陣的型態類似結構物運動方程式，$[K]$ 稱為勁度矩陣（stiffness matrix），$\{F\}$ 則稱為 load vector.

3. 上述整個問題的勁度矩陣可以觀察到含有零的部份，矩陣有值的部份為帶狀（banded）分佈，同時，矩陣有可能為對稱（symmetric）。

【邊界條件的處理】

有限元素法說明到這個階段已經可以得到問題的矩陣式，以 3 個元素 4 個節點為例可表出為：

$$\begin{bmatrix} k_{11}^1 & k_{12}^1 & 0 & 0 \\ k_{21}^1 & k_{22}^1 + k_{11}^2 & k_{12}^2 & 0 \\ 0 & k_{21}^2 & k_{22}^2 + k_{11}^3 & k_{12}^3 \\ 0 & 0 & k_{21}^3 & k_{22}^3 \end{bmatrix}_{4\times4} \begin{Bmatrix} u_1 \\ u_2 \\ u_3 \\ u_4 \end{Bmatrix}_{4\times1} = \begin{Bmatrix} f_1^1 + \sigma(x_1) \\ f_2^1 + f_1^2 \\ f_2^2 + f_1^3 \\ f_2^3 - \sigma(x_4) \end{Bmatrix}_{4\times1} \quad (2\text{-}93)$$

接下去的處理程序為代入兩端點邊界條件。在此需要說明的，這裡所求解的為一維問題，即 two-point boundary-value problem，邊界在問題領域的兩端點，在方程式中就是第 1 點和第 4 點，因此，邊界條件處理的概念就直接針對這兩點。

邊界條件的形式有：(1) 自然邊界條件（natural boundary condition）：給定通量 $\overline{\sigma}$ 值，(2) 必要邊界條件（essential boundary condition）：給定問題 $\overline{u}$ 值，(3) 混合邊界條件：給定邊界條件為前兩者的混和型態。以下說明各種邊界條件時，矩陣式的調整方式，同時為方便說明起見邊界兩端點的條件型式相同。

(1) 自然邊界條件：給定矩陣式等號右邊的通量 $\overline{\sigma}$ 值

$$
\begin{bmatrix}
k_{11}^1 & k_{12}^1 & 0 & 0 \\
k_{21}^1 & k_{22}^1 + k_{11}^2 & k_{12}^2 & 0 \\
0 & k_{21}^2 & k_{22}^2 + k_{11}^3 & k_{12}^3 \\
0 & 0 & k_{21}^3 & k_{22}^3
\end{bmatrix}_{4\times4}
\begin{pmatrix} u_1 \\ u_2 \\ u_3 \\ u_4 \end{pmatrix}_{4\times1}
=
\begin{pmatrix}
f_1^1 + \overline{\sigma}(x_1) \\
f_2^1 + f_1^2 \\
f_2^2 + f_1^3 \\
f_2^3 - \overline{\sigma}(x_4)
\end{pmatrix}_{4\times1}
\quad (2\text{-}94)
$$

因為等號右邊全為已知，因此接下來可以直接求解矩陣式。這一型態的邊界條件也可以給定函數微分值 u'，然後再利用定義計算通量 $\sigma = -ku'$。

(2)　必要邊界條件：給定問題 $\overline{u}$ 值

$$
\begin{bmatrix}
k_{11}^1 & k_{12}^1 & 0 & 0 \\
k_{21}^1 & k_{22}^1 + k_{11}^2 & k_{12}^2 & 0 \\
0 & k_{21}^2 & k_{22}^2 + k_{11}^3 & k_{12}^3 \\
0 & 0 & k_{21}^3 & k_{22}^3
\end{bmatrix}_{4\times4}
\begin{pmatrix} \overline{u}_1 \\ u_2 \\ u_3 \\ \overline{u}_4 \end{pmatrix}_{4\times1}
=
\begin{pmatrix}
f_1^1 + \sigma(x_1) \\
f_2^1 + f_1^2 \\
f_2^2 + f_1^3 \\
f_2^3 - \sigma(x_4)
\end{pmatrix}_{4\times1}
\quad (2\text{-}95)
$$

就理論求解而言，第一和第四方程式不需要求解，因此對矩陣分割（partition）調整已知的到等號右邊，利用到第二個方程式以及第三個方程式：

$$
(k_{22}^1 + k_{11}^2)u_2 + k_{12}^2 u_3 = f_2^1 + f_1^2 - k_{21}^1 \overline{u}_1
\quad (2\text{-}96)
$$

$$
k_{21}^2 u_2 + (k_{22}^2 + k_{11}^3)u_3 + = f_2^2 + f_1^3 - k_{12}^3 \overline{u}_4
\quad (2\text{-}97)
$$

因此，求解矩陣式調整為：

$$
\begin{bmatrix}
k_{22}^1 + k_{11}^2 & k_{12}^2 \\
k_{21}^2 & k_{22}^2 + k_{11}^3
\end{bmatrix}_{2\times2}
\begin{pmatrix} u_2 \\ u_3 \end{pmatrix}_{2\times1}
=
\begin{pmatrix}
f_2^1 + f_1^2 - k_{21}^1 \overline{u}_1 \\
f_2^2 + f_1^3 - k_{12}^3 \overline{u}_4
\end{pmatrix}_{2\times1}
\quad (2\text{-}98)
$$

利用上式求解 u_2, u_3，留意到第一和第四方程式的通量仍為未知，則可以進一步計算出來。

(3)　混合邊界條件：給定邊界條件為前兩者的混和型態，如邊界條件
　　　型式為：

$$\alpha u' + \beta u = \gamma \tag{2-99}$$

則配合流通量定義 $\sigma = -ku'$，邊界條件可以改寫為：

$$\sigma = -\frac{k}{\alpha}(\gamma - \beta u) \tag{2-100}$$

上式代入矩陣式中，整理可得：

$$\begin{bmatrix} k_{11}^1 - \dfrac{k\beta}{\alpha} & k_{12}^1 & 0 & 0 \\ k_{21}^1 & k_{22}^1 + k_{11}^2 & k_{12}^2 & 0 \\ 0 & k_{21}^2 & k_{22}^2 + k_{11}^3 & k_{12}^3 \\ 0 & 0 & k_{21}^3 & k_{22}^3 + \dfrac{k\beta}{\alpha} \end{bmatrix}_{4\times4} \begin{pmatrix} u_1 \\ u_2 \\ u_3 \\ u_4 \end{pmatrix}_{4\times1} = \begin{pmatrix} f_1^1 - \dfrac{k\gamma}{\alpha} \\ f_2^1 + f_1^2 \\ f_2^2 + f_1^3 \\ f_2^3 + \dfrac{k\gamma}{\alpha} \end{pmatrix}_{4\times1} \tag{2-101}$$

以上說明三種邊界條件求解矩陣的處理方式。在**實際電腦計算**上，所
求解矩陣在矩陣尺度（dimension）的宣告上，不希望重複宣告避免占
用電腦記憶體資源，因此，矩陣的求解過程中矩陣尺度不改變，在這
樣的情形下，矩陣求解的邏輯需要改變，特別是邊界條件給定形式為
必要條件的情形。由上，矩陣式為：

$$\begin{bmatrix} k_{11}^1 & k_{12}^1 & 0 & 0 \\ k_{21}^1 & k_{22}^1 + k_{11}^2 & k_{12}^2 & 0 \\ 0 & k_{21}^2 & k_{22}^2 + k_{11}^3 & k_{12}^3 \\ 0 & 0 & k_{21}^3 & k_{22}^3 \end{bmatrix}_{4\times4} \begin{pmatrix} \overline{u}_1 \\ u_2 \\ u_3 \\ \overline{u}_4 \end{pmatrix}_{4\times1} = \begin{pmatrix} f_1^1 + \sigma(x_1) \\ f_2^1 + f_1^2 \\ f_2^2 + f_1^3 \\ f_2^3 - \sigma(x_4) \end{pmatrix}_{4\times1} \tag{2-102}$$

在不改變矩陣尺度的要求下，矩陣處理的一個方法將矩陣改寫為先調

整等號右邊：

$$
\begin{bmatrix}
k_{11}^1 & k_{12}^1 & 0 & 0 \\
k_{21}^1 & k_{22}^1+k_{11}^2 & k_{12}^2 & 0 \\
0 & k_{21}^2 & k_{22}^2+k_{11}^3 & k_{12}^3 \\
0 & 0 & k_{21}^3 & k_{22}^3
\end{bmatrix}_{4\times4}
\begin{pmatrix}
\overline{u}_1 \\ u_2 \\ u_3 \\ \overline{u}_4
\end{pmatrix}_{4\times1}
=
\begin{pmatrix}
f_1^1+\sigma(x_1) \\
f_2^1+f_1^2-k_{21}^1\overline{u}_1 \\
f_2^2+f_1^3-k_{12}^3\overline{u}_4 \\
f_2^3-\sigma(x_4)
\end{pmatrix}_{4\times1}
\quad(2\text{-}103)
$$

其次為調整矩陣其他部份

$$
\begin{bmatrix}
1 & 0 & 0 & 0 \\
0 & k_{22}^2+k_{11}^2 & k_{12}^2 & 0 \\
0 & k_{21}^2 & k_{22}^2+k_{11}^3 & 0 \\
0 & 0 & 0 & 1
\end{bmatrix}_{4\times4}
\begin{pmatrix}
u_1 \\ u_2 \\ u_3 \\ u_4
\end{pmatrix}_{4\times1}
=
\begin{pmatrix}
\overline{u}_1 \\
f_2^1+f_1^2-k_{21}^1\overline{u}_1 \\
f_2^2+f_1^3-k_{12}^3\overline{u}_4 \\
\overline{u}_4
\end{pmatrix}_{4\times1}
\quad(2\text{-}104)
$$

如此，矩陣的解維持不變，同時，也不改變求解矩陣的大小。

2.5 程式內容有關

　　寫程式進行一維問題的計算，程式內容的擬定需要有依據來建置程式的架構。由上面的說明，有限元素法求解邊界值問題最終就是求解矩陣，而求解矩陣之前就是置入邊界條件。而得到整個問題的矩陣應是核心，整個問題的矩陣為由元素的矩陣合成而來，因此元素的矩陣計算是必要的手段。而要能夠計算元素矩陣則需要知道元素的資料，意即需要知道元素為第幾個元素，元素兩端點的節點號碼。說明到這裡似乎可以知道程式的計算好像和原理的介紹剛好相反。

　　程式內容的呈現順序：

(1)　整個問題的元素個數和節點個數。

(2)　節點的座標建置，需要有每個節點的座標。

(3) 每個元素的節點號碼，例如第 2 個元素為節點 2 和 3 以（線性元素）為例。

(4) 計算元素的勁度矩陣和外力矩陣，同時加進（隨著元素計算累加）整個問題的矩陣。元素矩陣轉入整個問題矩陣時需要知道元素上（local）節點號碼和整個問題（global）節點號碼之間的對應關係。隨著各個元素計算完畢同時整個問題的勁度矩陣和外力矩陣也完成。

(5) 加入節點需要的 Delta 函數值。

(6) 邊界條件的處理。

(7) 矩陣求解。

(8) 後續資料處理，如需要計算通量等第二次變數（secondary variables）。

【練習問題 2-2】

利用有限元素法計算邊界值問題（2-1）（2-2）式，同時在 x=0.5 位置加入 Delta 函數值 0.08，得到結果與解析解（2-3）式作比較對應，了解 Delta 函數之影響。結果如圖 E2-2 所示。

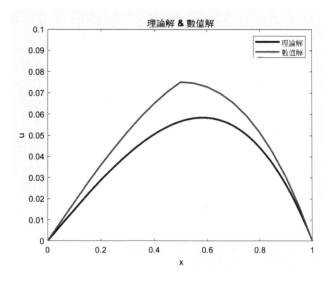

圖 E2-2　練習問題 2-2 結果（20 個元素）

練習問題 2-1 Matlab 程式：

```
clear all
%設n為元素個數,h為元素長度
n=20;h=1/n;
%定出節點座標x
for i=1:n
    x(i)=(i-1)*h;
end
x(n+1)=1;
%建立各元素的節點
x_node=zeros(n,2);
for i=1:n
    x_node(i,1:2)=i:i+1;
end
%建立各元素的係數矩陣k
k=zeros(2);
k=[1/h+h/3,-1/h+h/6;-1/h+h/6,1/h+h/3];
%建立整個問題的勁度矩陣K
K=zeros(n+1);
for i=1:n
    K(i,i)=K(i,i)+k(1,1);
    K(i,i+1)=K(i,i+1)+k(1,2);
    K(i+1,i)=K(i+1,i)+k(2,1);
    K(i+1,i+1)=K(i+1,i+1)+k(2,2);
end
```

```
%建立整個問題的外力矩陣F
F=zeros(n+1,1);
for i=1:n
    for j=1:2
        ng(1,j)=x_node(i,j);
    end
        F(ng(1,1),1)=F(ng(1,1),1)+(h/6)*(2*x(i)+x(i+1));
        F(ng(1,2),1)=F(ng(1,2),1)+(h/6)*(x(i)+2*x(i+1));
end
%第NN節點加入Delta
NN=n/2+1;
F(NN,1)=F(NN,1)+0.08;
%帶入邊界條件,求解整個問題矩陣式Ku=F,u即為所求
K(1,:)=zeros(1,n+1);K(n+1,:)=zeros(1,n+1);
K(:,1)=zeros(n+1,1);K(:,n+1)=zeros(n+1,1);
K(1,1)=1;K(n+1,n+1)=1;
F(1,1)=0;F(n+1,1)=0;
u=K^-1*F;
%畫與理論解的比較圖
U=zeros(1,n+1);
U(1,2:n)=u(2:n,1);U(1,1)=0;U(1,n+1)=0

X=0:0.01:1;
```

```
D=X-sinh(X)/sinh(1);
x=0:1/n:1

figure
plot (X,D,'r','LineWidth',2);title('理論解 & 數值解');
xlabel('x');ylabel('u');axis([0,1,0,0.1]);
hold on;
plot (x,U,'LineWidth',2);
legend('理論解','數值解');
hold off;
```

第三章　二維問題

3.1 二維計算例

　　本計算例說明為使用三角形元素面積座標形狀函數，計算平面理想流通過圓形斷面之流場。有了一維問題的計算概念後，使用有限元素法計算二維問題，除了控制方程式需要利用加權殘差弱表示式外，問題的領域需要利用元素來進行涵蓋。以平面元素來看，元素基本形狀有三角形、四邊形、或者多邊形，常用的有三角形和四邊形，然後元素上函數有線性、二次、或者更高次，常用為三角形線性和四邊形二次元素。在這個例子裏面我們使用三角形線性元素作例子。

【問題描述】

　　考慮理想流通過圓形斷面，如圖 3-1 所示。均勻流由左側流入，在兩邊平行邊界的約束下流經圓形斷面，再由右側流出。由流動原理可以知道均勻流經過圓形斷面流動需要轉彎通過圓形斷面，如圖 3-1 所示，而經過斷面之後由於理想流體的關係，流動將恢復到原來左側的均勻流。

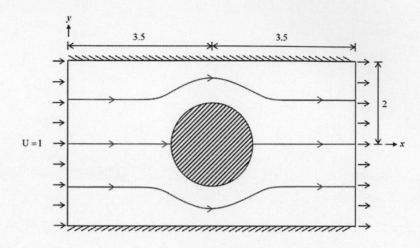

圖 3-1　理想流通過圓形斷面示意圖

【問題特性】

　　預期的流場情形，穩定（Steady）、理想流流經兩平行邊界間的圓形斷面寬 4, 長 7, 流速 1.0。流場特性為前後對稱 左右對稱 計算上可以僅考慮四分之一象限（配合適當邊界條件）。

【求解之數學描述】：由物理現象的描述轉為數學描述藉以數值求解。

流場控制方程式為：

$$\nabla^2 u = 0 \tag{3-1}$$

式中 u 為流場勢函數，速度與勢函數關係則定義為：

$$U = -\frac{\partial u}{\partial x}, \; V = -\frac{\partial u}{\partial y} \tag{3-2}$$

對於此問題的求解，由於流場上下對稱以及左右對稱，因此，計算領域可以考慮四分之一象限，如圖 3-2 所示。

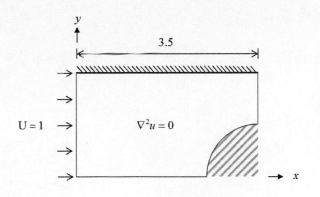

圖 3-2　四分之一象限求解理想流通過圓形斷面示意圖

　　邊界條件則為固體邊界條件，入流邊界條件，水平以及垂直對稱
邊界條件。

此問題若僅考慮流場上下對稱，則計算領域如圖 3-3 所示。

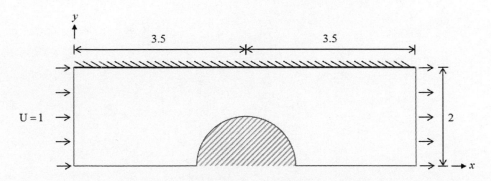

圖 3-3　二分之一象限求解理想流通過圓形斷面示意圖

3.2 加權殘差式

使用三角形線性面積座標，近似解由一維內插函數延伸概念表示為

$$u = \sum_{j=1}^{3} \varsigma_j u_j \tag{3-3}$$

其中，ς_j 為 j 節點的形狀函數。Galerkin 加權殘差積分式寫為：

$$\int_{\Omega} \left(\nabla^2 u \right) \cdot \varsigma_i \cdot d\Omega = 0 \tag{3-4}$$

降階加權殘差式則為：

$$\sum_j \int_{\Omega} \left(\nabla \varsigma_i \cdot \nabla \varsigma_j \right) d\Omega \cdot u_j = \int_{\Gamma} \varsigma_i \frac{\partial u}{\partial n} d\Gamma \tag{3-5}$$

矩陣計算式：

$$\sum_j K_{ij} \cdot u_j = F_i \, , \, i = 1, 2, 3 \tag{3-6}$$

式中

$$K_{ij} = \int_{\Omega} \left(\nabla \varsigma_i \cdot \nabla \varsigma_j \right) d\Omega = \int_{\Omega} \left(\frac{\partial \varsigma_i}{\partial x} \frac{\partial \varsigma_j}{\partial x} + \frac{\partial \varsigma_i}{\partial y} \frac{\partial \varsigma_j}{\partial y} \right) d\Omega \tag{3-7}$$

$$F_i = \int_{\Gamma} \varsigma_i \frac{\partial u}{\partial n} d\Gamma \tag{3-8}$$

以上表示式在概念上可以計算在元素上面。對整個問題而言則計算元素的勁度矩陣，然後元素累加起來。至於元素外力矩陣，由於係計算在元素的邊界上，所有元素累加後會相互底消，最後僅剩下整個問題

的邊界的積分計算。因此，則再利用邊界式計算整個問題的邊界。最後在加上邊界條件然後求解矩陣。

對於所求解問題，考慮四分之一象限，元素格網（mesh）如圖 3-4 所示。由於這裡是計算例，因此，元素和節點給定的方式相當普遍，由左而右由上而下。

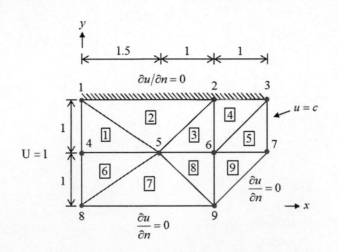

圖 3-4　理想流通過圓形斷面元素格網圖

面積座標的形狀函數以直角座標表示出來為：

$$\varsigma_j = a_j + b_j x + c_j y, \;\; j = 1,2,3 \tag{3-9}$$

式中係數為：

$$a_1 = \frac{(x_2 y_3 - x_3 y_2)}{2A^e}, \;\; a_2 = \frac{(x_3 y_1 - x_1 y_3)}{2A^e}, \;\; a_3 = \frac{(x_1 y_2 - x_2 y_1)}{2A^e}$$

$$b_1 = \frac{(y_2 - y_3)}{2A^e}, \;\; b_2 = \frac{(y_3 - y_1)}{2A^e}, \;\; b_3 = \frac{(y_1 - y_2)}{2A^e}$$

$$c_1 = \frac{(x_3 - x_2)}{2A^e} \ , \quad c_2 = \frac{(x_1 - x_3)}{2A^e} \ , \quad c_3 = \frac{(x_2 - x_1)}{2A^e} \tag{3-10}$$

其中 A^e 為三角形面積可以利用三角形三個頂點的座標計算。由（3-10）式亦可以得到微分式：

$$\frac{\partial \varsigma_j}{\partial x} = b_j \tag{3-11}$$

$$\frac{\partial \varsigma_j}{\partial y} = c_j \tag{3-12}$$

元素勁度表示式：

$$\begin{aligned}
K_{ij}^e &= \int_{\Omega^e} \left(\frac{\partial \varsigma_i}{\partial x} \frac{\partial \varsigma_j}{\partial x} + \frac{\partial \varsigma_i}{\partial y} \frac{\partial \varsigma_j}{\partial y} \right) d\Omega \\
&= \int_{\Omega^e} \left(b_i b_j + c_i c_j \right) d\Omega \\
&= A^e \left(b_i b_j + c_i c_j \right)
\end{aligned} \tag{3-13}$$

其成份值可得到為，如：

$$K_{11}^e = A^e \left(b_1^2 + c_1^2 \right) \tag{3-14}$$

$$K_{12}^e = A^e \left(b_1 b_2 + c_1 c_2 \right) \tag{3-15}$$

同理可得 $K_{13}^e, K_{21}^e, K_{22}^e, K_{23}^e, K_{31}^e, K_{32}^e, K_{33}^e$。元素勁度矩陣為：

$$\left[K^e \right]_{3 \times 3} = A^e \cdot \begin{bmatrix} b_1^2 + c_1^2 & b_1 b_2 + c_1 c_2 & b_1 b_3 + c_1 c_3 \\ b_2 b_1 + c_2 c_1 & b_2^2 + c_2^2 & b_2 b_3 + c_2 c_3 \\ b_3 b_1 + c_3 c_1 & b_3 b_2 + c_3 c_2 & b_3^2 + c_3^2 \end{bmatrix} \tag{3-16}$$

以下說明邊界項的計算。邊界計算式為：

$$F_i = \int_\Gamma \varsigma_i \frac{\partial u}{\partial n} d\Gamma \tag{3-17}$$

留意到，積分式中三角元素形狀函數為計算在邊界上面，如圖 3-5 所示為一維的形狀函數，可改寫為：

$$F_i^e = \int_{\Gamma^e} \psi_i \cdot \frac{\partial u}{\partial n} d\Gamma \tag{3-18}$$

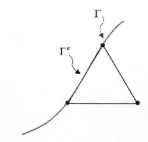

圖 3-5 三角形元素在邊界示意圖

由於邊界條件給定的為流速

$$U = -\frac{\partial u}{\partial x} \tag{3-19}$$

$$V = -\frac{\partial u}{\partial y} \tag{3-20}$$

因此邊界項可改寫為以流速表示出來

$$F_i^e = \int_{\Gamma^e} \psi_i \cdot \frac{\partial u}{\partial n} d\Gamma$$

$$= \int_{\Gamma^e} \psi_i \cdot (\nabla u \cdot \bar{n}) d\Gamma$$

$$= \int_{\Gamma^e} \psi_i \cdot \left(\frac{\partial u}{\partial x} \cdot n_x + \frac{\partial u}{\partial y} \cdot n_y \right) d\Gamma \qquad (3\text{-}21)$$

$$= \int_{\Gamma^e} \psi_i \cdot (-U \cdot n_x - V \cdot n_y) d\Gamma$$

若邊界上的流速由節點的值表示，則

$$U = \psi_1 U_1 + \psi_2 U_2 \qquad (3\text{-}22)$$

$$V = \psi_1 V_1 + \psi_2 V_2 \qquad (3\text{-}23)$$

邊界項可進一步改寫為：

$$F_i^e = -\int_{\Gamma^e} \psi_i (\psi_1 U_1 + \psi_2 U_2) n_x d\Gamma - \int_{\Gamma^e} \psi_i (\psi_1 V_1 + \psi_2 V_2) n_y d\Gamma \quad (3\text{-}24)$$

在實際數值計算上，法線向量在直角座標的分量可以由元素兩點的座標來表示，如圖 3-6 所示。

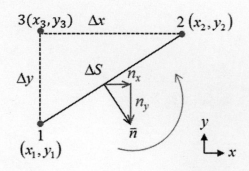

圖 3-6　法線向量直角座標分量示意圖

由圖 3-6 可看出，法線方向為定義離開計算領域方向為正，且

$dy = n_x d\Gamma$, $dx = -n_y d\Gamma$ 。以節點座標表示則為：

$$n_x = \frac{\Delta y}{\Delta s} \tag{3-25}$$

$$n_y = -\frac{\Delta x}{\Delta s} \tag{3-26}$$

其中，$\Delta x = x_2 - x_1$，$\Delta y = y_2 - y_1$，$\Delta s = \sqrt{(\Delta x)^2 + (\Delta y)^2}$。

利用上述法線向量分量表示式，則邊界項（3-24）式可寫為：

$$F_i^e = -\int_{\Gamma_y} \psi_i \left(\psi_1 U_1 + \psi_2 U_2 \right) dy - \int_{\Gamma_x} \psi_i \left(\psi_1 V_1 + \psi_2 V_2 \right)(-dx) \tag{3-27}$$

或整理為：

$$F_i^e = -\int_{y_1}^{y_2} \psi_i \psi_1 dy \cdot U_1 - \int_{y_1}^{y_2} \psi_i \psi_2 dy \cdot U_2 + \int_{x_1}^{x_2} \psi_i \psi_1 dx \cdot V_1 + \int_{x_1}^{x_2} \psi_i \psi_2 dx \cdot V_2$$

$$\tag{3-28}$$

上式代入一維形狀函數，$\hat{\psi}_1 = 1 - \xi$, $\hat{\psi}_2 = \xi$，如圖 3-7 所示，則邊界項可寫出為：

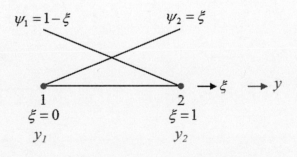

圖 3-7 　一維形狀函數

另外，$y = y_1 + (y_2 - y_1) \cdot \xi$，$dy = (y_2 - y_1) \cdot d\xi$，即：

$$-\int_{y_1}^{y_2} \psi_i \psi_1 dy \cdot U_1 = -\int_0^1 \psi_i \psi_1 d\xi \cdot (y_2 - y_1) \cdot U_1 \qquad (3\text{-}29)$$

因此，

$$F_1^e = -\int_0^1 (1 - \xi)^2 d\xi \cdot \Delta y U_1 - \int_0^1 (1 - \xi)\xi d\xi \cdot \Delta y U_2$$

$$\qquad + \int_0^1 (1 - \xi)^2 d\xi \cdot \Delta x V_1 + \int_0^1 (1 - \xi)\xi d\xi \cdot \Delta x V_2 \qquad (3\text{-}30a)$$

$$= -\left(\frac{U_1}{3} + \frac{U_2}{6} \right)\Delta y + \left(\frac{V_1}{3} + \frac{V_2}{6} \right)\Delta x$$

$$F_2^e = -\int_0^1 \xi(1 - \xi) d\xi \cdot \Delta y U_1 - \int_0^1 \xi^2 d\xi \cdot \Delta y U_2$$

$$\qquad + \int_0^1 \xi(1 - \xi) d\xi \cdot \Delta x V_1 + \int_0^1 \xi^2 d\xi \cdot \Delta x V_2 \qquad (3\text{-}30b)$$

$$= -\left(\frac{U_1}{6} + \frac{U_2}{3} \right)\Delta y + \left(\frac{V_1}{6} + \frac{V_2}{3} \right)\Delta x$$

元素邊界項矩陣式則可整理為：

$$\{F^e\}_{2\times1} = \left\{ \begin{array}{c} F_1^e \\ F_2^e \end{array} \right\}_{2\times1} = \left\{ \begin{array}{c} -\left(\dfrac{U_1}{3} + \dfrac{U_2}{6} \right)\Delta y + \left(\dfrac{V_1}{3} + \dfrac{V_2}{6} \right)\Delta x \\[2mm] -\left(\dfrac{U_1}{6} + \dfrac{U_2}{3} \right)\Delta y + \left(\dfrac{V_1}{6} + \dfrac{V_2}{3} \right)\Delta x \end{array} \right\} \qquad (3\text{-}31)$$

3.3 數值計算

接下來就所取元素格網據以計算。依據所取元素格網，所取簡單的格網總共 9 個元素，9 個節點，如圖 3-8 所示。

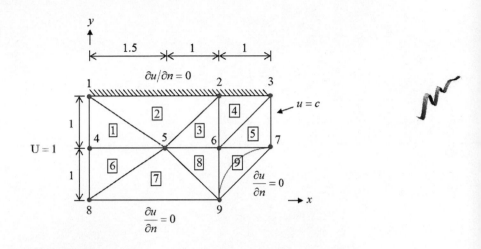

圖 3-8　有限元素格網節點和元素圖

由圖可以讀得節點座標和元素資料，元素 1 (1-4-5)，元素 2 (1-5-2)，元素 3 (5-6-2)，元素 4 (2-6-3)，元素 5 (6-7-3)，元素 6 (4-8-5)，元素 7 (5-8-9)，元素 8 (5-9-6)，元素 9 (6-9-7)。

元素 1 (1, 4, 5)之 K_{ij}^{1}

頂點 1　節點號碼　1　座標（ x_1=0.0,　y_1=2.0）

頂點 2　節點號碼　4　座標（ x_2=0.0,　y_2=1.0）

頂點 3　節點號碼　5　座標（ x_3=1.5,　y_3=1.0）

$$A = \frac{1}{2}\begin{vmatrix} 1 & 0 & 2 \\ 1 & 0 & 1 \\ 1 & 1.5 & 1 \end{vmatrix} = \frac{1}{2}(3-1.5) = \frac{1.5}{2} \tag{3-32}$$

$$a_1 = \frac{1}{1.5}(0 \cdot 1 - 1.5 \cdot 1) = -1 \tag{3-32a}$$

$$b_1 = \frac{1}{1.5}(1-1) = 0 \tag{3-32b}$$

$$c_1 = \frac{1}{1.5}(1.5-0) = -1 \tag{3-32c}$$

$$a_2 = \frac{1}{1.5}(1.5 \cdot 2 - 0 \cdot 1) = 2 \tag{3-32d}$$

$$b_2 = \frac{1}{1.5}(1-2) = \frac{-1}{1.5} \tag{3-32e}$$

$$c_2 = \frac{1}{1.5}(0-1.5) = -1 \tag{3-32f}$$

$$a_3 = \frac{1}{1.5}(0 \cdot 1 - 0 \cdot 2) = 0 \tag{3-32g}$$

$$b_3 = \frac{1}{1.5}(2-1) = \frac{1}{1.5} \tag{3-32h}$$

$$c_3 = \frac{1}{1.5}(0-0) = 0 \tag{3-32i}$$

$$K^1 = \frac{1.5}{2}\begin{bmatrix} 0^2+1^2 & 0\cdot\left(-\dfrac{1}{1.5}\right)+1\cdot(-1) & 0\cdot\left(\dfrac{1}{1.5}\right)+1\cdot 0 \\ & \left(-\dfrac{1}{1.5}\right)^2+(-1)^2 & \left(-\dfrac{1}{1.5}\right)\left(\dfrac{1}{1.5}\right)+(-1)\cdot 0 \\ sym & & \left(\dfrac{1}{1.5}\right)^2+0^2 \end{bmatrix}$$

$$=\frac{1.5}{2}\begin{bmatrix} 1 & -1 & 0 \\ & \left(\dfrac{1}{1.5}\right)^2+1 & \left(-\dfrac{1}{1.5}\right)^2 \\ sym & & \left(\dfrac{1}{1.5}\right)^2 \end{bmatrix} \qquad (3\text{-}33)$$

$$=\frac{1}{3}\begin{bmatrix} 2.25 & -2.25 & 0 \\ -2.25 & 3.25 & -1 \\ 0 & -1 & 1 \end{bmatrix}$$

同樣的可計算得到 $K^2, K^3, K^4, K^5, K^6, K^7, K^8, K^9$。

在計算上，一個元素計算得到的勁度矩陣（3×3），隨即加到整個問題的勁度矩陣（9×9）。

Element No. =1

Element Node No. =1, 4, 5

Element Area=7.500000E-01

Element Stiffness Matrix

$$\begin{bmatrix} 0.75 & -0.75 & 0 \\ -0.75 & 1.08 & -0.33 \\ 0 & -0.33 & 0.33 \end{bmatrix}_{3\times 3} \qquad (3\text{-}34a)$$

Global Updated Stiffness Matrix

$$\begin{bmatrix} 0.75 & 0 & 0 & -0.75 & 0 & 0 & 0 & 0 & 0 \\ 0 & 0 & 0 & 0 & 0 & 0 & 0 & 0 & 0 \\ 0 & 0 & 0 & 0 & 0 & 0 & 0 & 0 & 0 \\ -0.75 & 0 & 0 & 1.08 & -0.33 & 0 & 0 & 0 & 0 \\ 0 & 0 & 0 & -0.33 & 0.33 & 0 & 0 & 0 & 0 \\ 0 & 0 & 0 & 0 & 0 & 0 & 0 & 0 & 0 \\ 0 & 0 & 0 & 0 & 0 & 0 & 0 & 0 & 0 \\ 0 & 0 & 0 & 0 & 0 & 0 & 0 & 0 & 0 \\ 0 & 0 & 0 & 0 & 0 & 0 & 0 & 0 & 0 \end{bmatrix}_{9 \times 9} \tag{3-34b}$$

Element No. =2

Element Node No. =1, 5, 2

Element Area=1.250000

Element Stiffness Matrix

$$\begin{bmatrix} 0.4 & -0.5 & 0.1 \\ -0.5 & 1.25 & -0.75 \\ 0.1 & -0.75 & 0.65 \end{bmatrix}_{3 \times 3} \tag{3-35a}$$

Global Updated Stiffness Matrix

$$\begin{bmatrix} 1.15 & 0.1 & 0 & -0.75 & -0.5 & 0 & 0 & 0 & 0 \\ 0.1 & 0.65 & 0 & 0 & -0.75 & 0 & 0 & 0 & 0 \\ 0 & 0 & 0 & 0 & 0 & 0 & 0 & 0 & 0 \\ -0.75 & 0 & 0 & 1.08 & -0.33 & 0 & 0 & 0 & 0 \\ -0.5 & -0.75 & 0 & -0.33 & 1.58 & 0 & 0 & 0 & 0 \\ 0 & 0 & 0 & 0 & 0 & 0 & 0 & 0 & 0 \\ 0 & 0 & 0 & 0 & 0 & 0 & 0 & 0 & 0 \\ 0 & 0 & 0 & 0 & 0 & 0 & 0 & 0 & 0 \\ 0 & 0 & 0 & 0 & 0 & 0 & 0 & 0 & 0 \end{bmatrix}_{9 \times 9}$$ (3-35b)

Element No. =3

Element Node No. =5, 6, 2

Element Area=5.000000E-01

Element Stiffness Matrix

$$\begin{bmatrix} 0.5 & -0.5 & 0 \\ -0.5 & 1.0 & -0.5 \\ 0 & -0.5 & 0.5 \end{bmatrix}_{3 \times 3}$$ (3-36a)

Global Updated Stiffness Matrix

$$\begin{bmatrix} 1.15 & 0.1 & 0 & -0.75 & -0.5 & 0 & 0 & 0 & 0 \\ 0.1 & 1.15 & 0 & 0 & -0.75 & -0.5 & 0 & 0 & 0 \\ 0 & 0 & 0 & 0 & 0 & 0 & 0 & 0 & 0 \\ -0.75 & 0 & 0 & 1.08 & -0.33 & 0 & 0 & 0 & 0 \\ -0.5 & -0.75 & 0 & -0.33 & 2.08 & -0.5 & 0 & 0 & 0 \\ 0 & -0.5 & 0 & 0 & -0.5 & 1.0 & 0 & 0 & 0 \\ 0 & 0 & 0 & 0 & 0 & 0 & 0 & 0 & 0 \\ 0 & 0 & 0 & 0 & 0 & 0 & 0 & 0 & 0 \\ 0 & 0 & 0 & 0 & 0 & 0 & 0 & 0 & 0 \end{bmatrix}_{9\times 9}$$

(3-36b)

Element No. =4

Element Node No. =2, 6, 3

Element Area=5.000000E-01

Element Stiffness Matrix

$$\begin{bmatrix} 1.0 & -0.5 & -0.5 \\ -0.5 & 0.5 & 0 \\ -0.5 & 0 & 0.5 \end{bmatrix}_{3\times 3}$$

(3-37a)

Global Updated Stiffness Matrix

$$\begin{bmatrix} 1.15 & 0.1 & 0 & -0.75 & -0.5 & 0 & 0 & 0 & 0 \\ 0.1 & 2.15 & -0.5 & 0 & -0.75 & -1.0 & 0 & 0 & 0 \\ 0 & -0.5 & 0.5 & 0 & 0 & 0 & 0 & 0 & 0 \\ -0.75 & 0 & 0 & 1.08 & -0.33 & 0 & 0 & 0 & 0 \\ -0.5 & -0.75 & 0 & -0.33 & 2.08 & -0.5 & 0 & 0 & 0 \\ 0 & -1.0 & 0 & 0 & -0.5 & 1.5 & 0 & 0 & 0 \\ 0 & 0 & 0 & 0 & 0 & 0 & 0 & 0 & 0 \\ 0 & 0 & 0 & 0 & 0 & 0 & 0 & 0 & 0 \\ 0 & 0 & 0 & 0 & 0 & 0 & 0 & 0 & 0 \end{bmatrix}_{9\times 9}$$

(3-37b)

Element No. =5

Element Node No. =6, 7, 3

Element Area=5.000000E-01

Element Stiffness Matrix

$$
\begin{bmatrix}
0.5 & -0.5 & 0 \\
-0.5 & 1.0 & -0.5 \\
0 & -0.5 & 0.5
\end{bmatrix}_{3\times3}
\tag{3-38a}
$$

Global Updated Stiffness Matrix

$$
\begin{bmatrix}
1.15 & 0.1 & 0 & -0.75 & -0.5 & 0 & 0 & 0 & 0 \\
0.1 & 2.15 & -0.5 & 0 & -0.75 & -1.0 & 0 & 0 & 0 \\
0 & -0.5 & 1.0 & 0 & 0 & 0 & -0.5 & 0 & 0 \\
-0.75 & 0 & 0 & 1.08 & -0.33 & 0 & 0 & 0 & 0 \\
-0.5 & -0.75 & 0 & -0.33 & 2.08 & -0.5 & 0 & 0 & 0 \\
0 & -1.0 & 0 & 0 & -0.5 & 2.0 & -0.5 & 0 & 0 \\
0 & 0 & -0.5 & 0 & 0 & -0.5 & 1.0 & 0 & 0 \\
0 & 0 & 0 & 0 & 0 & 0 & 0 & 0 & 0 \\
0 & 0 & 0 & 0 & 0 & 0 & 0 & 0 & 0
\end{bmatrix}_{9\times9}
\tag{3-38b}
$$

Element No. =6

Element Node No. =4, 8, 5

Element Area=7.500000E-01

Element Stiffness Matrix

$$\begin{bmatrix} 1.08 & -0.75 & -0.33 \\ -0.75 & 0.75 & 0 \\ -0.33 & 0 & 0.33 \end{bmatrix}_{3\times 3} \tag{3-39a}$$

Global Updated Stiffness Matrix

$$\begin{bmatrix} 1.15 & 0.1 & 0 & -0.75 & -0.5 & 0 & 0 & 0 & 0 \\ 0.1 & 2.15 & -0.5 & 0 & -0.75 & -1.0 & 0 & 0 & 0 \\ 0 & -0.5 & 1.0 & 0 & 0 & 0 & -0.5 & 0 & 0 \\ -0.75 & 0 & 0 & 2.17 & -0.67 & 0 & 0 & -0.75 & 0 \\ -0.5 & -0.75 & 0 & -0.67 & 2.42 & -0.5 & 0 & 0 & 0 \\ 0 & -1.0 & 0 & 0 & -0.5 & 2.0 & -0.5 & 0 & 0 \\ 0 & 0 & -0.5 & 0 & 0 & -0.5 & 1.0 & 0 & 0 \\ 0 & 0 & 0 & -0.75 & 0 & 0 & 0 & 0.75 & 0 \\ 0 & 0 & 0 & 0 & 0 & 0 & 0 & 0 & 0 \end{bmatrix}_{9\times 9} \tag{3-39b}$$

Element No. =7

Element Node No. =5, 8, 9

Element Area=1.250000

Element Stiffness Matrix

$$\begin{bmatrix} 1.25 & -0.5 & -0.75 \\ -0.5 & 0.4 & 0.1 \\ -0.75 & 0.1 & 0.65 \end{bmatrix}_{3\times 3} \tag{3-40a}$$

Global Updated Stiffness Matrix

$$
\begin{bmatrix}
1.15 & 0.1 & 0 & -0.75 & -0.5 & 0 & 0 & 0 & 0 \\
0.1 & 2.15 & -0.5 & 0 & -0.75 & -1.0 & 0 & 0 & 0 \\
0 & -0.5 & 1.0 & 0 & 0 & 0 & -0.5 & 0 & 0 \\
-0.75 & 0 & 0 & 2.17 & -0.67 & 0 & 0 & -0.75 & 0 \\
-0.5 & -0.75 & 0 & -0.67 & 3.67 & -0.5 & 0 & -0.5 & -0.75 \\
0 & -1.0 & 0 & 0 & -0.5 & 2.0 & -0.5 & 0 & 0 \\
0 & 0 & -0.5 & 0 & 0 & -0.5 & 1.0 & 0 & 0 \\
0 & 0 & 0 & -0.75 & -0.5 & 0 & 0 & 1.15 & 0.1 \\
0 & 0 & 0 & 0 & -0.75 & 0 & 0 & 0.1 & 0.65
\end{bmatrix}_{9\times 9}
\tag{3-40b}
$$

Element No. =8

Element Node No. =5, 9, 6

Element Area=5.000000E-01

Element Stiffness Matrix

$$
\begin{bmatrix}
0.5 & 0 & -0.5 \\
0 & 0.5 & -0.5 \\
-0.5 & -0.5 & 1.0
\end{bmatrix}_{3\times 3}
\tag{3-41a}
$$

Global Updated Stiffness Matrix

$$
\begin{bmatrix}
1.15 & 0.1 & 0 & -0.75 & -0.5 & 0 & 0 & 0 & 0 \\
0.1 & 2.15 & -0.5 & 0 & -0.75 & -1.0 & 0 & 0 & 0 \\
0 & -0.5 & 1.0 & 0 & 0 & 0 & -0.5 & 0 & 0 \\
-0.75 & 0 & 0 & 2.17 & -0.67 & 0 & 0 & -0.75 & 0 \\
-0.5 & -0.75 & 0 & -0.67 & 4.17 & -1.0 & 0 & -0.5 & -0.75 \\
0 & -1.0 & 0 & 0 & -1.0 & 3.0 & -0.5 & 0 & -0.5 \\
0 & 0 & -0.5 & 0 & 0 & -0.5 & 1.0 & 0 & 0 \\
0 & 0 & 0 & -0.75 & -0.5 & 0 & 0 & 1.15 & 0.1 \\
0 & 0 & 0 & 0 & -0.75 & -0.5 & 0 & 0.1 & 1.15
\end{bmatrix}_{9\times 9}
\tag{3-41b}
$$

Element No. =9

Element Node No. =6, 9, 7

Element Area=5.000000E-01

Element Stiffness Matrix

$$\begin{bmatrix} 1.0 & -0.5 & -0.5 \\ -0.5 & 0.5 & 0 \\ -0.5 & 0 & 0.5 \end{bmatrix}_{3\times3} \tag{3-42a}$$

Global Updated Stiffness Matrix

$$\begin{bmatrix} 1.15 & 0.1 & 0 & -0.75 & -0.5 & 0 & 0 & 0 & 0 \\ 0.1 & 2.15 & -0.5 & 0 & -0.75 & -1.0 & 0 & 0 & 0 \\ 0 & -0.5 & 1.0 & 0 & 0 & 0 & -0.5 & 0 & 0 \\ -0.75 & 0 & 0 & 2.17 & -0.67 & 0 & 0 & -0.75 & 0 \\ -0.5 & -0.75 & 0 & -0.67 & 4.17 & -1.0 & 0 & -0.5 & -0.75 \\ 0 & -1.0 & 0 & 0 & -1.0 & 4.0 & -1.0 & 0 & -1.0 \\ 0 & 0 & -0.5 & 0 & 0 & -1.0 & 1.5 & 0 & 0 \\ 0 & 0 & 0 & -0.75 & -0.5 & 0 & 0 & 1.15 & 0.1 \\ 0 & 0 & 0 & 0 & -0.75 & -1.0 & 0 & 0.1 & 1.65 \end{bmatrix}_{9\times9} \tag{3-42b}$$

當所有元素都計算完後，則得到整個問題的勁度矩陣（9×9）。

Final Global Stiffness Matrix

$$
K = \begin{bmatrix}
1.15 & 0.10 & 0 & -0.75 & -0.5 & 0 & 0 & 0 & 0 \\
0.10 & 2.15 & -0.5 & 0 & -0.75 & -1.00 & 0 & 0 & 0 \\
0 & -0.5 & 1.0 & 0 & 0 & 0 & -0.5 & 0 & 0 \\
-0.75 & 0 & 0 & 2.17 & -0.67 & 0 & 0 & -0.75 & 0 \\
-0.5 & -0.75 & 0 & -0.67 & 4.17 & -1.0 & 0 & -0.5 & -0.75 \\
0 & -1.0 & 0 & 0 & -1.0 & 4.0 & -1.0 & 0 & -1.0 \\
0 & 0 & -0.5 & 0 & 0 & -1.0 & 1.5 & 0 & 0 \\
0 & 0 & 0 & -0.75 & -0.5 & 0 & 0 & 1.15 & 0.1 \\
0 & 0 & 0 & 0 & -0.75 & -1.0 & 0 & 0.1 & 1.65
\end{bmatrix}_{9 \times 9}
\tag{3-43}
$$

接下來為計算邊界項

$$
F^e = \left\{ \begin{matrix} F_1^e \\ F_2^e \end{matrix} \right\}_{2 \times 1} = \left\{ \begin{matrix} -\left(\dfrac{U_1}{3} + \dfrac{U_2}{6} \right)\Delta y + \left(\dfrac{V_1}{3} + \dfrac{V_2}{6} \right)\Delta x \\ -\left(\dfrac{U_1}{6} + \dfrac{U_2}{3} \right)\Delta y + \left(\dfrac{V_1}{6} + \dfrac{V_2}{3} \right)\Delta x \end{matrix} \right\}
\tag{3-44}
$$

所求解問題的邊界條件為：

必要邊界 3-7，$u_3 = u_7 = 0$

自然邊界 1-4, 4-8, 8-9, 9-7, 3-2, 2-1，其中 8-9, 9-7, 3-2, 2-1 為 $\dfrac{\partial u}{\partial n} = 0$，

1-4　為　$U_1 = U_4 = 1$ ，　$V_1 = V_4 = 0$ ，　$\Delta y = y_4 - y_1 = -1$ ，

$\Delta x = x_4 - x_1 = 0$

4-8　為　$U_4 = U_8 = 1$ ，　$V_4 = V_8 = 0$ ，　$\Delta y = y_8 - y_4 = -1$ ，

$\Delta x = x_8 - x_1 = 0$

則

$$
F^{1-4} = \frac{1}{6} \left\{ \begin{matrix} 3 \\ 3 \end{matrix} \right\} = \left\{ \begin{matrix} 0.5 \\ 0.5 \end{matrix} \right\}
\tag{3-45}
$$

$$F^{4-8} = \begin{Bmatrix} 0.5 \\ 0.5 \end{Bmatrix} \tag{3-46}$$

最後整個問題的邊界矩陣為：

$$F = \begin{Bmatrix} 0.5 \\ 0 \\ 0 \\ 0.5+0.5 \\ 0 \\ 0 \\ 0 \\ 0.5 \\ 0 \end{Bmatrix}_{9 \times 1} \begin{matrix} \leftarrow node & 1 \\ & 2 \\ & 3 \\ & 4 \\ & 5 \\ & 6 \\ & 7 \\ & 8 \\ & 9 \end{matrix} \tag{3-47}$$

整個問題的矩陣為：

$$[K]_{9 \times 9} \{u\}_{9 \times 1} = \{F\}_{9 \times 1} \tag{3-48}$$

這時導入必要邊界條件 $u_3 = u_7 = 0$，則求解問題的矩陣式可以調整為

$$\begin{bmatrix} 1.15 & 0.10 & -0.75 & -0.5 & 0 & 0 & 0 \\ 0.10 & 2.15 & 0 & -0.75 & -1.00 & 0 & 0 \\ -0.75 & 0 & 2.17 & -0.67 & 0 & -0.75 & 0 \\ 0 & -0.75 & -0.67 & 4.17 & -1.0 & -0.5 & -0.75 \\ 0 & -1.0 & 0 & -1.0 & 4.0 & 0 & -1.0 \\ 0 & 0 & -0.75 & 0 & 0 & 1.15 & 0.1 \\ 0 & 0 & 0 & -1.0 & -1.0 & 0.1 & 1.65 \end{bmatrix}_{7 \times 7} \begin{Bmatrix} u_1 \\ u_2 \\ u_4 \\ u_5 \\ u_6 \\ u_8 \\ u_9 \end{Bmatrix} = \begin{Bmatrix} 0.5 \\ 0 \\ 1.0 \\ 0 \\ 0 \\ 0.5 \\ 0 \end{Bmatrix} \tag{3-49}$$

上式矩陣求解可得 $u_1 = 3.93$，$u_2 = 1.29$，$u_4 = 3.92$，$u_5 = 2.43$，$u_6 = 1.35$，$u_8 = 3.90$，$u_9 = 1.69$。

若直接利用節點上的函數值計算水平流速（利用流速定義）

$$(U)_{5-6} = -\frac{1.35-(2.43)}{2.5-1.5} = -1.08 \qquad (3-50)$$

由較粗格網的計算，水流流經圓形斷面會加速，結果看起來合理。

【註】

1. 二維問題的加權殘差表示式概念和一維相同,直接延伸沒有問題。
   需要留意的僅僅是二維數學的運算。

2. 二維元素的建置和一維有很大的不同。二維元素形狀函數的推導
   概念算是重要，但是如果略去直接使用既有的函數似乎也相當實
   際。這部份的補充說明會另章說明。

3. 二維元素格網如果要加密並沒有像一維問題那樣直接，格網的加
   密如果又要求到求解矩陣的最小化，則需要牽涉到格網給節點號
   碼的作法，這需要另外參考有限元素法的技巧，在此不另外說明。

4. 三角形元素的好處之一就是在元素勁度矩陣計算時可以理論積分，
   積分結果直接得到，不需要使用到數值積分。有限元素法數值積分
   大都使用高斯積分法，這在四邊形元素則需要利用到。

【練習問題 3-1】

理想均勻流通過上下不透水平板之通道。如圖 E3-1(a)所示。計算範圍 6x6，左側給定勢函數 u=300 右側給定勢函數 u=0。計算領域中勢函數變化或者計算流速。

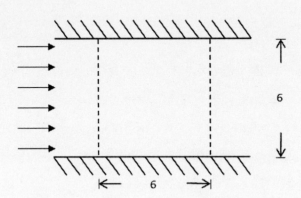

圖 E3-1(a)　理想均勻流通過兩平板之間

計算格網使用如圖 E3-1(b)所示。每邊分四段，節點號碼給定為由上而下由左而右，因此節點共有 25，三角形元素則有 32。

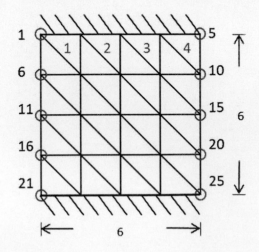

圖 E3-1(b)　理想均勻流通過兩平板之間

利用寫出的 Matlab 程式計算結果，勢函數由左而右值變化為 300，225，150，75，0。垂直五排每排上面的值均相同。Matlab 程式如下：

```
clear all
%定出各元素的節點座標x,y(共32個元素)
x=[0,1.5,1.5;1.5,3,3;3,4.5,4.5;4.5,6,6;0,0,1.5;1.5,1.5,3;3,3,4.5;4.5,4.5,6;0,1.5,1.5;1.5,3,3;
3,4.5,4.5;4.5,6,6;0,0,1.5;1.5,1.5,3;3,3,4.5;4.5,4.5,6...
    ;0,1.5,1.5;1.5,3,3;3,4.5,4.5;4.5,6,6;0,0,1.5;1.5,1.5,3;3,3,4.5;4.5,4.5,6;0,1.5,1.5;1.5,3,3;
3,4.5,4.5;4.5,6,6;0,0,1.5;1.5,1.5,3;3,3,4.5;4.5,4.5,6];
y=[6,4.5,6;6,4.5,6;6,4.5,6;6,4.5,6;6,4.5,4.5;6,4.5,4.5;6,4.5,4.5;6,4.5,4.5;4.5,3,4.5;4.5,3,4.5;
4.5,3,4.5;4.5,3,4.5;4.5,3,3;4.5,3,3;4.5,3,3;4.5,3,3...
    ;3,1.5,3;3,1.5,3;3,1.5,3;3,1.5,3;3,1.5,1.5;3,1.5,1.5;3,1.5,1.5;3,1.5,1.5;1.5,0,1.5;1.5,0,1.5;
1.5,0,1.5;1.5,0,1.5;1.5,0,0;1.5,0,0;1.5,0,0;1.5,0,0];
%定出各元素的端點nnode代表號碼,用來代入Global矩陣(共25個節點)
nnode=[1,7,2;2,8,3;3,9,4;4,10,5;1,6,7;2,7,8;3,8,9;4,9,10;6,12,7;7,13,8;8,14,9;9,15,10;6,11,12;7,12,13;
8,13,14;9,14,15;11,17,12;12,18,13;13,19,14;14,20,15...
    ;11,16,17;12,17,18;13,18,19;14,19,20;16,22,17;17,23,18;18,24,19;19,25,20;16,21,22;17,22,23;
18,23,24;19,24,25];

%建立元素矩陣ek與Global矩陣gK
%area為三角形面積
gK=zeros(25);
for i=1:32
    A=[1,x(i,1),y(i,1);1,x(i,2),y(i,2);1,x(i,3),y(i,3)];
    area=(1/2)*det(A);
    a1=(x(i,2)*y(i,3)-x(i,3)*y(i,2))/(2*area);
    a2=(x(i,3)*y(i,1)-x(i,1)*y(i,3))/(2*area);
    a3=(x(i,1)*y(i,2)-x(i,2)*y(i,1))/(2*area);
    b1=(y(i,2)-y(i,3))/(2*area);
    b2=(y(i,3)-y(i,1))/(2*area);
    b3=(y(i,1)-y(i,2))/(2*area);
    c1=(x(i,3)-x(i,2))/(2*area);
    c2=(x(i,1)-x(i,3))/(2*area);
    c3=(x(i,2)-x(i,1))/(2*area);
    ek=area.*[b1^2+c1^2,b1*b2+c1*c2,b1*b3+c1*c3;b2*b1+c2*c1,b2^2+c2^2,b2*b3+c2*c3;b3*b1+c3*c1,
b3*b2+c3*c2,b3^2+c3^2];
    e=[nnode(i,1),nnode(i,2),nnode(i,3)];
    for ii=1:3
        for j=1:3
            gK(e(ii),e(j))=gK(e(ii),e(j))+ek(ii,j);
        end
    end
end
```

```
% 計算整個問題的邊界矩陣gF
gF=zeros(25,1);gF(1,1)=300;gF(6,1)=300;gF(11,1)=300;gF(16,1)=300;gF(21,1)=300;
%代入邊界條件
gK(1,:)=0;gK(1,1)=1;gK(6,:)=0;gK(6,6)=1;gK(11,:)=0;gK(11,11)=1;gK(16,:)=0;gK(16,16)=1;gK(21,:)=0;gK(21,21)=1
gK(5,:)=0;gK(:,5)=0;gK(5,5)=1;
gK(10,:)=0;gK(:,10)=0;gK(10,10)=1;
gK(15,:)=0;gK(:,15)=0;gK(15,15)=1;

gK(20,:)=0;gK(:,20)=0;gK(20,20)=1;
gK(25,:)=0;gK(:,25)=0;gK(25,25)=1;
%計算結果
u=gK^-1*gF
```

3.4 二維通式問題

　　本節說明說明二維通式邊界值問題的有限元素法模式的建置，問題中包括不連續條件。內容包括加權殘差降階表示式、二維元素概念、整個問題元素計算式、單一元素計算式、元素組合、不連續條件的處理、以及利用邊界條件矩陣求解。二維問題的描述如圖 3-9 所示。問題領域包括兩種不同材質的領域 Ω_1, Ω_2 ，材質特性分別為 $k_1(x, y), k_2(x, y)$ ，兩個領域交界為 Γ 。其中一個領域 Ω_2 中有點源（source）P_0，包含在領域 ω ，邊界為 $\partial\omega$ 。整個問題的邊界有必要邊界 $\partial\Omega_1$ ，以及自然邊界 $\partial\Omega_2$ ，整個問題的邊界為 $\partial\Omega$ （$\partial\Omega = \partial\Omega_1 + \partial\Omega_2$）。在有限元素法的求解上，仍然在不連續位置上區分求解領域，然後在連續領域上建置求解方程式，最後再組合起來計算。如同一維問題的說明，本節除了說明通式外，重點仍在不連續條件的處理。

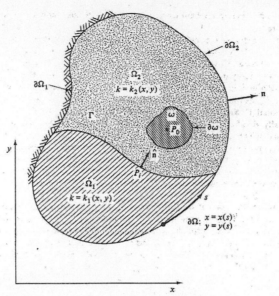

圖 3-9　二維通式問題示意圖

　　為方便不連續條件的說明，以下說明也由連續方程式開始，也說明控制方程式的由來。考慮二維問題如圖 3-10 所示。

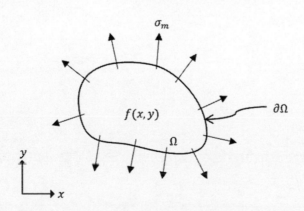

圖 3-10　二維問題示意圖

控制方程式的推導可由通量守恆定律開始，所考慮領域中"物理量"由邊界流出的量等於在領域中產生的量，寫出方程式為：

$$\int_{\partial\Omega}\vec{\sigma}\cdot\vec{n}ds=\int_{\Omega}fdxdy \tag{3-51}$$

等號左邊可以藉由 divergence 定理寫為：

$$\int_{\partial\Omega}\vec{\sigma}\cdot\vec{n}ds=\int_{\Omega}\nabla\cdot\vec{\sigma}dxdy \tag{3-52}$$

則守恆定律可寫為：

$$\int_{\Omega}\left(\nabla\cdot\vec{\sigma}-f\right)dxdy=0 \tag{3-53}$$

即得到：

$$\nabla\cdot\vec{\sigma}-f=0 \tag{3-54}$$

若使用通量（flux）定義：

$$\vec{\sigma}=-k\nabla u \tag{3-55}$$

則控制方程式可得：

$$\nabla\cdot(-k\nabla u)-f=0 \tag{3-56}$$

若領域中物理量也包含隨著函數成正比變化的項 $-bu(x,y)$，則控制方程式通式成為：

$$-\nabla\cdot(k\nabla u)+bu-f=0 \tag{3-57}$$

【邊界條件】

上述控制方程式推導的概念可以應用到邊界上。考慮不同材質領域的交界上，如圖 3-11 所示，將交界線用一個狹長封閉線圈起來，忽略狹長矩形短邊的通量，若沒有 Delta 函數則：

$$\int_{\partial\omega} \sigma_n ds = \sigma_n^+ + \sigma_n^- = [\sigma_n] = 0 \tag{3-58}$$

上述考慮中，兩個長邊通量的法線方向相反，$\vec{n}_1 = -\vec{n}_2$，

$$\sigma_n^+ = \vec{\sigma} \cdot \vec{n}_2 \tag{3-59a}$$

$$\sigma_n^- = \vec{\sigma} \cdot \vec{n}_1 \tag{3-59b}$$

上述說明在不同材質交界，其流通量相同，不會在交界上產生其他值。

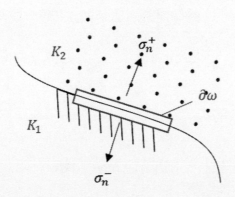

圖 3-11　不同材質交界上的邊界條件

整個問題的邊界條件基本上也可以有必要邊界條件：

$$u = \bar{u} \text{ , on } \partial\Omega_1 \tag{3-60}$$

或者自然邊界條件

$$\sigma_n = \overline{\sigma}_n \text{ , on } \partial\Omega_2 \tag{3-61}$$

　　上述控制方程式和邊界條件構成二維邊界值問題。在此值得一提的，控制方程式的微分式為定義在問題的幾何（geometrical）領域上，相對於幾何領域的則為其邊界，邊界的明確描述對於問題的求解也是相當重要。

【加權殘差式】

　　利用加權殘差法可以把問題的微分式轉換成積分式。殘差函數可以表示為：

$$r(x, y) = -\nabla \cdot (k\nabla u) + bu - f \tag{3-62}$$

如同一維問題的說明，整個問題由不同材質交界分成兩個領域，即：

$$\int_{\Omega_i} r \cdot \upsilon dxdy = \int_{\Omega_i} \left[-\nabla \cdot (k\nabla u) + bu - f \right] dxdy \text{ , } i = 1,2 \tag{3-63}$$

整個問題的表示式則為：

$$\begin{aligned} \int_{\Omega} r \cdot \upsilon dxdy = {} & \int_{\Omega_1} \left[-\nabla \cdot (k\nabla u) + bu - f \right] dxdy \\ & + \int_{\Omega_2} \left[-\nabla \cdot (k\nabla u) + bu - f \right] dxdy = 0 \end{aligned} \tag{3-64}$$

利用微分分配律以及 Divergence 定理，則二次微分項可以降階表示為：

$$-\int_{\Omega_i} \left[\nabla \cdot (k\nabla u)\right] v\, dxdy = -\int_{\Omega_i} \left\{\nabla \cdot \left[(k\nabla u)v\right] - (k\nabla u)\cdot \nabla v\right\} dxdy$$

$$= \int_{\Omega_i} (k\nabla u)\cdot \nabla v\, dxdy - \int_{\partial\Omega_i} k\frac{\partial u}{\partial n} v\, ds \tag{3-65}$$

（3-65）式適用在 $i = 1,2$，把 Ω_1 和 Ω_2 合併起來，則整個問題積分式可寫為：

$$\int_{\Omega} \left[-\nabla \cdot (k\nabla u) + bu - f\right] v\, dxdy = \int_{\Omega_1} \left[(k_1\nabla u)\cdot \nabla v + buv - fv\right] dxdy - \int_{\partial(\Omega_1)} k_1 \frac{\partial u}{\partial n} v\, ds$$

$$+ \int_{\Omega_2} \left[(k_2\nabla u)\cdot \nabla v + buv - fv\right] dxdy - \int_{\partial(\Omega_2)} k_2 \frac{\partial u}{\partial n} v\, ds$$

$$\tag{3-66}$$

上式中，兩個分區的交界若不考慮 Delta 函數，則可以合併成為：

$$-\int_{\Gamma} k_1 \frac{\partial u}{\partial n} v\, ds - \int_{\Gamma} k_2 \frac{\partial u}{\partial n} v\, ds = -\int_{\Gamma} \left[k\frac{\partial u}{\partial n}\right] v\, ds = 0 \tag{3-67}$$

同時，兩個分區的邊界積分項合併成為：

$$-\int_{\partial(\Omega_1)} k_1 \frac{\partial u}{\partial n} v\, ds - \int_{\partial(\Omega_2)} k_2 \frac{\partial u}{\partial n} v\, ds = -\int_{\partial(\Omega_1)-\Gamma} k_1 \frac{\partial u}{\partial n} v\, ds - \int_{\partial(\Omega_2)-\Gamma} k_2 \frac{\partial u}{\partial n} v\, ds$$

$$= -\int_{\partial\Omega} k \frac{\partial u}{\partial n} v\, ds$$

$$\tag{3-68}$$

兩分區積分合併示意如圖 3-12 所示，邊界積分計算逆時針方向在交界位置剛好互相抵銷。

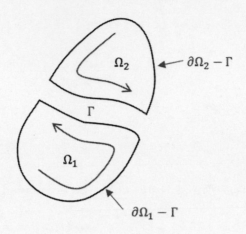

圖 3-12　兩個分區透過交界合併

則整個問題積分式可改寫為：

$$\int_{\Omega}[-\nabla \cdot (k\nabla u)+bu-f]\upsilon dxdy$$

$$=\int_{\Omega}[(k\nabla u)\cdot \nabla \upsilon +bu\upsilon -f\upsilon]dxdy-\int_{\partial\Omega}k\frac{\partial u}{\partial n}\upsilon ds=0 \qquad (3\text{-}69)$$

需要留意到，至此，使用了控制方程式以及交界面條件，但邊界條件仍未使用。由一維問題的分析知道，邊界條件為得到有限元素法矩陣式後才代入求解，因此，在此保留邊界表示式。

【二維元素的概念】

　　二維問題領域中建立元素格網，一般可使用三角形或四邊形元素。在領域中建立元素格網的概念就是利用元素把問題領域涵蓋起來。利用三角形元素或四邊形元素涵蓋整個問題領域分別如圖 3-13 和圖 3-14 所示。

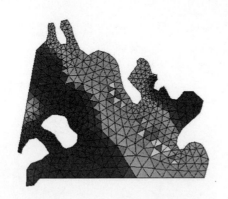

圖 3-13　　三角形元素格網

http://www.argusone.com/MeshGeneration.html

圖 3-14　　四邊形元素格網

http://www.argusone.com/MeshGeneration.html

三角形和四邊形元素的使用各有其優缺點，三角形較能填滿不規則形狀區域，使用三角形元素求解問題的積分式可以直接積分，使用四邊形元素則需要使用數值積分。問題領域元素格網化，可以看出實際領域是使用元素來近似，在幾何形狀的代表性上有幾何上（geometrical）的誤差，如圖 3-15 所示，黑色曲線為實際問題的邊界，紅色則為數值格網的邊界，兩者之間存在明顯的差異，但這部份的誤差將隨著元素格網加密化而以收斂的概念使誤差減少。圖 3-15 為使用三角形元素，使用四邊形元素也是同樣的問題。

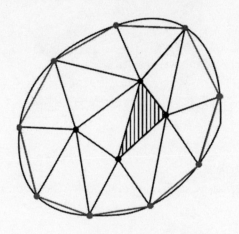

圖 3-15　元素格網與問題領域近似的情形

【Galerkin 加權殘差弱滿足式】

$\phi_j(x, y)$:   global basis function

$\psi_i^e(x, y)$:   element basis function

$\hat{\psi}_j^e(\xi, \eta)$:   element shape function $-1 \le \xi, \eta \le 1$

利用基本函數 $\phi_j(x, y)$ 表出所求解函數

$$u = \sum_{j=1}^{N} \phi_j(x, y) \cdot u_j \tag{3-70}$$

式中，N 為整個問題的節點數，同時採用 Galerkin 作法，直接將基本函數取代加權函數 $\upsilon = \phi_i(x, y)$，則由降階加權殘差式

$$\int_{\Omega} \left[(k\nabla u) \cdot \nabla \upsilon + bu\upsilon - f\upsilon \right] dxdy = \int_{\partial\Omega} k \frac{\partial u}{\partial n} \upsilon ds \tag{3-71}$$

可以寫出矩陣式為：

$$\sum_{j=1}^{N} K_{ij} u_j = F_i, \quad i = 1.2,\ldots\ldots, N \tag{3-72}$$

其中，勁度項和外力項分別為：

$$K_{ij} = \int_{\Omega} \left[k \left(\frac{\partial \phi_i}{\partial x} \frac{\partial \phi_j}{\partial x} + \frac{\partial \phi_i}{\partial y} \frac{\partial \phi_j}{\partial y} \right) + b\phi_i\phi_j \right] dxdy \tag{3-73a}$$

$$F_i = \int_{\Omega} f\phi_i dxdy + \int_{\partial\Omega} k \frac{\partial u}{\partial n} \phi_i ds \tag{3-73b}$$

留意到上式外力項中的邊界積分項為對邊界曲線的積分，為一維問題的計算。同時需要留意的，邊界積分的表示式中，二維的形狀函數為計算在一維的邊界上，理論上表示式應該要有所區隔，在此為方便起見則不特別區分。

若所求解問題的領域建置好元素格網，則整個問題領域 Ω 由元素 Ω_e 組成，

$$\Omega = \sum_{e=1}^{E} \Omega_e \qquad (3\text{-}74)$$

其中，E 為元素個數。上述降階加權殘差式可以先建立在元素 Ω_e 上，如圖 3-16。

$$\int_{\Omega_e} \left[(k\nabla u^e) \cdot \nabla \upsilon^e + bu^e \upsilon^e - f\upsilon^e \right] dxdy = \int_{\partial \Omega_e} k \frac{\partial u^e}{\partial n} \upsilon^e ds \quad (3\text{-}75)$$

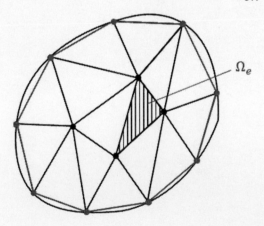

圖 3-16　一個元素在整個領域中的情形

等號右邊外力項代入通量的定義，可改寫為：

$$\int_{\Omega_e} \left(k\nabla u^e \cdot \nabla \upsilon^e + bu^e \upsilon^e \right) dxdy = \int_{\Omega_e} f\upsilon^e dxdy - \int_{\partial \Omega_e} \sigma_n^e \upsilon^e ds \quad (3\text{-}76)$$

式中元素通量的定義為：

$$\sigma_n^e = -k \frac{\partial u^e}{\partial n} \tag{3-77}$$

若再使用 Galerkin 作法，近似解和加權函數使用相同基本函數，

$$u^e = \sum u_j^e \phi_j^e(x, y) \ , \ \upsilon^e = \phi_i^e(x, y) \tag{3-78}$$

則建立在元素上的加權積分式可以寫為：

$$\sum_{j=1}^{N_e} k_{ij}^e u_j^e = F_i^e - \sigma_i^e \qquad , \ i = 1.2,......,N_e \tag{3-79}$$

其中，N_e 為元素上的節點數，勁度、外力項與邊界項分別為：

$$K_{ij}^e = \int_{\Omega_e} \left[k \left(\frac{\partial \phi_i^e}{\partial x} \frac{\partial \phi_j^e}{\partial x} + \frac{\partial \phi_i^e}{\partial y} \frac{\partial \phi_j^e}{\partial y} \right) + b \phi_i^e \phi_j^e \right] dxdy \tag{3-80a}$$

$$F_i^e = \int_{\Omega_e} f \phi_i^e \, dxdy \tag{3-80b}$$

$$\sigma_i^e = \int_{\partial \Omega_e} \sigma_n^e \phi_i^e \, ds \tag{3-80c}$$

留意到在元素上建置加權積分式的邊界項為對單一元素的邊界作計算，在此以三角形元素為例，則為三角形元素的三個邊，如圖 3-17 所示。

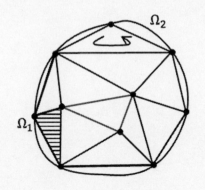

圖 3-17 在元素上建置加權積分式

接下來則為把領域中所有元素表示式加起來（assemble）

$$\sum_{e=1}^{E}\left(\sum_{j=1}^{N_e} k_{ij}^e u_j^e - F_i^e + \sigma_i^e\right) = 0 \ , \ i = 1,2,\cdots,N_e \tag{3-81}$$

把邊界項分開來表示則為：

$$\sum_{e=1}^{E}\left([K^e]\{u^e\} - \{F^e\}\right) + \sum_{e=1}^{E}\{\sigma^e\} = 0 \tag{3-82}$$

其中，元素邊界項的累加可以表示為：

$$\sum_{e=1}^{E}\{\sigma^e\} = S^{(0)} + S^{(1)} + S^{(2)} \tag{3-83}$$

式中，$S^{(0)}$ 為元素與領域邊界 $\partial\Omega = \Gamma_1 + \Gamma_2$ 沒有交集部份，$S^{(1)}$ 為元素與必要邊界 Γ_1 交集部份 $(u = \bar{u})$，$S^{(2)}$ 為元素與自然邊界 Γ_2 交集部份 $(u' = \bar{u}')$。下圖為以第一個節點為例作說明。含有節點 1 的各個元素邊界項累加起來，在相鄰元素銜接邊上，由於法線方向相反，因此法線通量加起來形成不連續條件表示式。圖 3-18 中以紅色箭頭表示

法線通量。由此得到

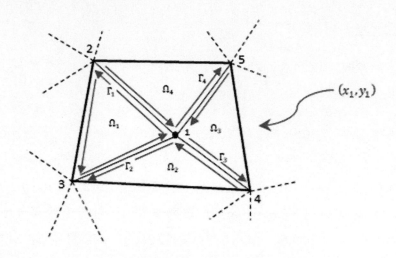

圖 3-18　元素邊界項累加示意圖

$$S_1^{(0)} = \int_{\Gamma_1} [\sigma_n] \phi_1^e ds + \int_{\Gamma_2} [\sigma_n] \phi_1^e ds + \int_{\Gamma_3} [\sigma_n] \phi_1^e ds + \int_{\Gamma_4} [\sigma_n] \phi_1^e ds \quad (3\text{-}84)$$

與一維問題討論相同，除了在節點 1 有點源（point source）或邊界 Γ_i，$i = 1,2,3,4$ 上有線源（line source）外，其餘 $[\sigma_n] = 0$。如 $f(x,y) = \bar{f}(x,y) + \hat{f} \cdot \delta(x - x_1, y - y_1)$，則 $S_1^{(0)} = \hat{f}$，否則 $S_1^{(0)} = 0$。另外，$S^{(1)}$ 為整個問題的必要邊界項 Γ_1，$S^{(2)}$ 為自然邊界項 Γ_2。由上討論，各個元素計算後累加（assemble）起來，得到的矩陣式與不特別作元素累加討論的問題的矩陣式相同。不過，藉由元素累加的過程，可以清楚了解如果有不連續條件時明確的處理方式。

　　由此也得到計算的概念，計算勁度矩陣時，先對各個元素分別計算，然後對元素進行累加。計算外力函數也是對元素逐一計算然後累加。至於邊界項則對邊界上的元素逐一計算，在實際作法上為使用一維元素直接計算然後累加。至於點源或線源項則另外加在節點上或另外計算。

【練習問題 3-2】

本問題取自 Reddy (1993)第 355 頁 Example8.6。問題包含有 point 以及 line sources.

考慮如圖 E3-2(a)，透水區域面積（3000m×1500m），上下邊界為不透水，左右兩側給定水頭 200m。在水的來源方面，一河川穿過透水區域如圖所示，河川滲流到透水區的滲流量為 $0.24\, m^3/day \cdot m^2$，同時河川兩側在（1000m, 670m）位置有水井 1，抽水流量率 1200 $m^3/day \cdot m$ 在（1900m, 900m）有水井 2，抽水流量率為 2400 $m^3/day \cdot m$。計算透水區域的等勢能線和流速場。由於透水區域中透水特性在 x 和 y 方向並不相同，因此在控制方程式上需要表示為：

$$-\frac{\partial}{\partial x}\left(a_{11}\frac{\partial \phi}{\partial x}\right) - \frac{\partial}{\partial x}\left(a_{11}\frac{\partial \phi}{\partial x}\right) = f$$

其中，a_{11}，a_{22} 分別為 x 和 y 方向的滲透係數（permeability coefficient）單位為 m/day。ϕ 則為水頭（piezometric head）單位為 m。等號右邊 f 則為水井抽水流量率（pumping rate）單位為 $m^3/day/m$。

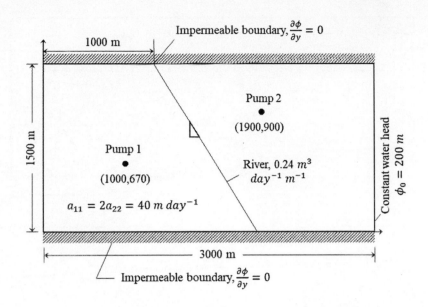

圖 E3-2(a)　透水區域和河川水井配置示意圖

計算結果：等勢能線如圖 E3-2(b)，流速分佈如圖 E3-2(c)所示。

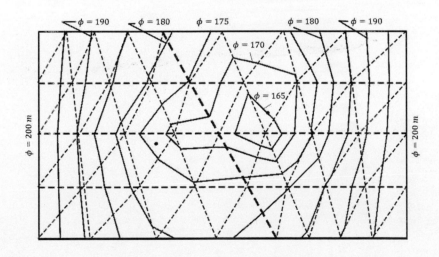

圖 E3-2(b)　透水區域等勢函數線

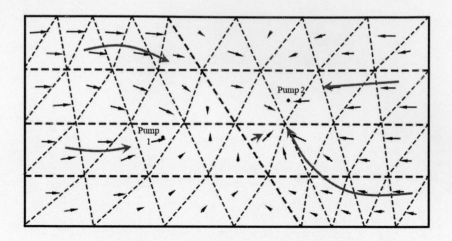

圖 E3-2(c)　透水區域透水區域流速分佈

第四章　二維元素

4.1　三角形元素形狀函數

由於三角形元素有其實際使用上的優點，如三角形更能涵蓋任意計算領域，以及元素勁度矩陣表示式可以利用公式直接積分得到。因此，以下先說明二維問題用到的三角形線性基本函數。

【**基本函數（basis function）**】

利用基本函數來表示一個函數在概念上與內插函數相同，為利用節點上的函數值來計算元素上其他位置的函數值，如圖 4-1 所示。利用三個節點的函數值 u_1, u_2, u_3 來建立基本函數。

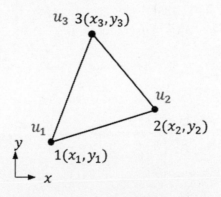

圖 4-1　三角形元素節點上座標

在三角形元素上建立函數表示式（或線性函數的 (x, y) 多項式），則需利用節點的值來計算未定係數，得到完整的函數表示式。由於是線性函數，因此為座標 (x, y) 的線性函數，解的線性函數可寫為：

$$u(x, y) = a_1 + a_2 x + a_3 y$$

$$= \begin{bmatrix} 1 & x & y \end{bmatrix} \cdot \begin{Bmatrix} a_1 \\ a_2 \\ a_3 \end{Bmatrix} \tag{4-1}$$

利用三角形三個頂點函數值 u_1, u_2, u_3 配合三個節點的座標可得：

$$\begin{pmatrix} u_1 \\ u_2 \\ u_3 \end{pmatrix} = \begin{bmatrix} 1 & x_1 & y_1 \\ 1 & x_2 & y_2 \\ 1 & x_3 & y_3 \end{bmatrix} \begin{pmatrix} a_1 \\ a_2 \\ a_3 \end{pmatrix} \tag{4-2}$$

矩陣表示式可改寫為：

$$\begin{pmatrix} a_1 \\ a_2 \\ a_3 \end{pmatrix} = \begin{bmatrix} 1 & x_1 & y_1 \\ 1 & x_2 & y_2 \\ 1 & x_3 & y_3 \end{bmatrix}^{-1} \begin{pmatrix} u_1 \\ u_2 \\ u_3 \end{pmatrix} \tag{4-3}$$

則函數表示式可得到：

$$u(x, y) = \begin{bmatrix} 1 & x & y \end{bmatrix} \cdot \begin{Bmatrix} a_1 \\ a_2 \\ a_3 \end{Bmatrix}$$

$$= \begin{bmatrix} 1 & x & y \end{bmatrix} \cdot \begin{bmatrix} 1 & x_1 & y_1 \\ 1 & x_2 & y_2 \\ 1 & x_3 & y_3 \end{bmatrix}^{-1} \begin{pmatrix} u_1 \\ u_2 \\ u_3 \end{pmatrix} \tag{4-4}$$

近似解可以使用基本函數的概念寫出為：

$$u(x, y) = \sum_{i=1}^{3} \phi_i^e(x, y) \cdot u_i$$

$$= \begin{bmatrix} \phi_1^e(x, y) & \phi_2^e(x, y) & \phi_3^e(x, y) \end{bmatrix} \begin{Bmatrix} u_1 \\ u_2 \\ u_3 \end{Bmatrix} \qquad (4\text{-}5)$$

由（4-4）（4-5）兩式對照可以整理得到基本函數表示式

$$\phi_1^e(x, y) = \frac{1}{2A_e} \left[(x_2 y_3 - x_3 y_2) + (y_2 - y_3) x + (x_3 - x_2) y \right] \quad (4\text{-}6a)$$

$$\phi_2^e(x, y) = \frac{1}{2A_e} \left[(x_3 y_1 - x_1 y_3) + (y_3 - y_1) x + (x_1 - x_3) y \right] \quad (4\text{-}6b)$$

$$\phi_3^e(x, y) = \frac{1}{2A_e} \left[(x_1 y_2 - x_2 y_1) + (y_1 - y_2) x + (x_2 - x_1) y \right] \quad (4\text{-}6c)$$

式中

$$A_e = \frac{1}{2} \begin{vmatrix} 1 & x_1 & y_1 \\ 1 & x_2 & y_2 \\ 1 & x_3 & y_3 \end{vmatrix} = 三角形面積 \qquad (4\text{-}7)$$

上述基本函數使用到利用三個頂點座標計算面積，因此，三角形節點號碼順序必須為右手定則的逆時針方向，如圖 4-2 所示。

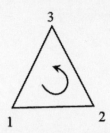

圖 4-2　三角形面積節點順序

上述基本函數（4-6a, b, c）式可以整理為：

$$\phi_1^e(x,y) = \left[a_1 + b_1 x + c_1 y\right] \tag{4-8a}$$

$$\phi_2^e(x,y) = \left[a_2 + b_2 x + c_2 y\right] \tag{4-8b}$$

$$\phi_3^e(x,y) = \left[a_3 + b_3 x + c_3 y\right] \tag{4-8c}$$

其中

$$a_1 = \frac{x_2 y_3 - x_3 y_2}{2A_e} \ , \ \ b_1 = \frac{y_2 - y_3}{2A_e} \ , \ \ c_1 = \frac{x_3 - x_2}{2A_e} \tag{4-9a}$$

$$a_2 = \frac{x_3 y_1 - x_1 y_3}{2A_e} \ , \ \ b_2 = \frac{y_3 - y_1}{2A_e} \ , \ \ c_2 = \frac{x_1 - x_3}{2A_e} \tag{4-9b}$$

$$a_3 = \frac{x_1 y_2 - x_2 y_1}{2A_e} \ , \ \ b_3 = \frac{y_1 - y_2}{2A_e} \ , \ \ c_3 = \frac{x_3 - x_2}{2A_e} \tag{4-9c}$$

或精簡寫為：

$$\phi_j^e(x,y) = \left[a_j + b_j x + c_j y\right] \ , \ \ j = 1,2,3 \tag{4-10}$$

利用（4-10）式，要計算基本函數對直角座標的微分則可以直接微分得到：

$$\frac{\partial \phi_j^e (x,y)}{\partial x} = b_j \tag{4-11a}$$

$$\frac{\partial \phi_j^e (x,y)}{\partial y} = c_j \tag{4-11b}$$

另方面，近似解函數表示方式為：

$$u(x,y) = \phi_1^e \cdot u_1 + \phi_2^e \cdot u_2 + \phi_3^e \cdot u_3 \tag{4-12}$$

基本函數滿足關係式：

$$\phi_i^e \left(x_j, y_j \right) = \begin{cases} 1 & i = j \\ 0 & i \neq j \end{cases} \tag{4-13}$$

以節點 2 為例，

$$u(x_2, y_2) = 0 \cdot u_1 + 1 \cdot u_2 + 0 \cdot u_3 \tag{4-14}$$

節點 2 基本函數的幾何圖形如圖 4-3 所示。

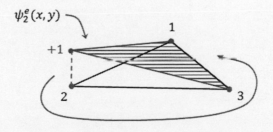

圖 4-3　節點 2 基本函數幾何圖形

由圖 4-3 可看出，節點 2 基本函數滿足下式：

$$\phi_2^e(x_2,y_2)=1,\ \phi_2^e(x_1,y_1)=0,\ \phi_2^e(x_3,y_3)=0$$，同時，圖形的邊為直線，且圖形為平面。

【形狀函數】

以下說明以自然座標 $0 \leq \xi, \eta \leq 1$ 表示三角形元素線性形狀函數 $\psi_i(\xi,\eta)$。首先在等腰直角三角形上，標出 (ξ,η) 座標，如圖 4-4 所示。三個頂點 1(0,0), 2(1,0), 3(0,1)，由檢視（inspection）可看出 $\psi_2 = \xi$，滿足形狀函數的特性 $\psi_2(1,0)=1$，$\psi_2(0,0)=0$，$\psi_2(0,1)=0$。同樣的，$\psi_3 = \eta$，滿足形狀函數的特性 $\psi_3(0,1)=1$，$\psi_3(0,0)=0$，$\psi_3(1,0)=0$。而 $\psi_1 = 1-\xi-\eta$，其特性為 $\psi_1(0,0)=1$，$\psi_1(1,0)=0$，$\psi_1(0,1)=0$。綜合上述：

$$\psi_1 = 1-\xi-\eta,\quad \psi_2 = \xi,\quad \psi_3 = \eta \tag{4-15}$$

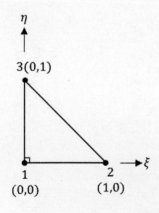

圖 4-4　三角形自然座標線性形狀函數

以上圖 4-4 所定義的形狀函數表示式簡潔，但缺少與 (x,y) 座標之關係式。在作法上，可利用形狀函數先表出座標：

$$x = \psi_1(\xi,\eta)x_1 + \psi_2(\xi,\eta)x_2 + \psi_3(\xi,\eta)x_3 \qquad (4\text{-}16a)$$

$$y = \psi_1(\xi,\eta)y_1 + \psi_2(\xi,\eta)y_2 + \psi_3(\xi,\eta)y_3 \qquad (4\text{-}16b)$$

若將形狀函數表示式（4-15）式代入（4-16a, b）式可得：

$$x = (1 - \xi - \eta)x_1 + \xi x_2 + \eta x_3 \qquad (4\text{-}17)$$

式子可改寫為：

$$x - x_1 = (x_2 - x_1)\xi + (x_3 - x_1)\eta \qquad (4\text{-}18a)$$

同樣的：

$$y - y_1 = (y_2 - y_1)\xi + (y_3 - y_1)\eta \qquad (4\text{-}18b)$$

（4-18a, b）式合起來以矩陣表出 (x, y)：

$$\begin{pmatrix} x - x_1 \\ y - y_1 \end{pmatrix} = \begin{bmatrix} (x_2 - x_1) & (x_3 - x_1) \\ (y_2 - y_1) & (y_3 - y_1) \end{bmatrix} \begin{pmatrix} \xi \\ \eta \end{pmatrix} \qquad (4\text{-}19)$$

藉由反矩陣可得：

$$\begin{pmatrix} \xi \\ \eta \end{pmatrix} = \begin{bmatrix} (x_2 - x_1) & (x_3 - x_1) \\ (y_2 - y_1) & (y_3 - y_1) \end{bmatrix}^{-1} \begin{pmatrix} x - x_1 \\ y - y_1 \end{pmatrix} \qquad (4\text{-}20)$$

上式等號右邊展開可得自然座標與直角座標的關係：

$$\xi = \frac{1}{2A_e}\left[(y_3 - y_1)(x - x_1) - (x_3 - x_1)(y - y_1)\right] \qquad (4\text{-}21a)$$

$$\eta = \frac{1}{2A_e}\left[-(y_2 - y_1)(x - x_1) - (x_2 - x_1)(y - y_1)\right] \qquad (4\text{-}21b)$$

以上（4-21a, b）式對照 ψ_2, ψ_3 表示式（4-15）式，可確認 $\psi_2 = \xi$，以及 $\psi_3 = \eta$。同時，（4-21a, b）兩式可作為計算 $\xi_x, \xi_y, \eta_x, \eta_y$ 使用，即：

$$\frac{\partial \xi}{\partial x} = \frac{(y_3 - y_1)}{2A_e} \qquad (4\text{-}22a)$$

$$\frac{\partial \xi}{\partial y} = \frac{-(x_3 - x_1)}{2A_e} \qquad (4\text{-}22b)$$

$$\frac{\partial \eta}{\partial x} = \frac{-(y_2 - y_1)}{2A_e} \qquad (4\text{-}22c)$$

$$\frac{\partial \eta}{\partial y} = \frac{-(x_2 - x_1)}{2A_e} \qquad (4\text{-}22d)$$

4.2 三角形元素形狀函數－面積座標（area coordinates）

三角形面積座標定義如圖 4-5 所示，等腰直角三角形兩個直角邊長度分別為一個單位，三角形面積 $\hat{A} = 1/2$。三角形內部選取任意點 $B(\xi, \eta)$ 將三角形內部分成三部份 $\hat{a}_1, \hat{a}_2, \hat{a}_3$，如圖 4-5，則 $\hat{a}_1 + \hat{a}_2 + \hat{a}_3 = \hat{A}$。可得到：

$$\frac{\hat{a}_1}{\hat{A}} + \frac{\hat{a}_2}{\hat{A}} + \frac{\hat{a}_3}{\hat{A}} = 1 \qquad (4\text{-}23)$$

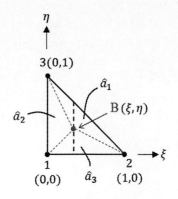

圖 4-5　三角形面積座標定義

圖中 B 點與三個頂點形成三個 $\hat{a}_j$ 的面積，若 B 點在 $\xi = 0$ 頂點或者在 3-1 線上，則 $\hat{a}_2 = 0$，當 B 點移到第 2 個頂點 $(1,0)$ 則 $\hat{a}_2 = \hat{A}$；同樣的，若 B 點在 $\eta = 0$ 頂點或者 1-2 線上，則 $\hat{a}_3 = 0$，而當 B 點移到第 3 個頂點 $(0,1)$ 則 $\hat{a}_3 = \hat{A}$。觀察以上的變化配合形狀函數的特性，則可定義的形狀函數為：

$$\varsigma_j = \frac{\hat{a}_j}{\hat{A}}, \quad j = 1, 2, 3 \tag{4-24}$$

以上面積座標概念可應用在任意三角形，如圖 4-6 所示。

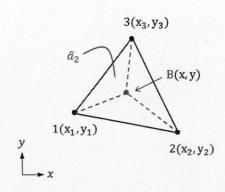

圖 4-6　任意三角形面積座標定義

三角形三個頂點座標分別為 $(x_1, y_1), (x_2, y_2), (x_3, y_3)$，內部點為 (x, y)。同樣的，內部點與三個頂點把三角形分成 3 個部份面積 $\hat{a}_1, \hat{a}_2, \hat{a}_3$，則三角形的面積為：

$$\hat{A} = \frac{1}{2} \begin{vmatrix} 1 & x_1 & y_1 \\ 1 & x_2 & y_2 \\ 1 & x_3 & y_3 \end{vmatrix} \tag{4-25}$$

留意到三角形頂點的順序為逆時針方向。對應於頂點 2 的形狀函數為：

$$\varsigma_2 = \frac{\hat{a}_2}{\hat{A}} = \frac{\dfrac{1}{2}\begin{vmatrix} 1 & x_1 & y_1 \\ 1 & x & y \\ 1 & x_3 & y_3 \end{vmatrix}}{\dfrac{1}{2}\begin{vmatrix} 1 & x_1 & y_1 \\ 1 & x_2 & y_2 \\ 1 & x_3 & y_3 \end{vmatrix}}$$

$$= \frac{1}{2\hat{A}}\left(xy_3 - xy_1 - x_1 y_3 - x_3 y + x_1 y + x_3 y_1\right) \tag{4-26}$$

$$= \frac{1}{2\hat{A}}\left[(y_3 - y_1)(x - x_1) - (x_3 - x_1)(y - y_1)\right]$$

此式對應 $\varsigma_2 = \xi = \hat{\psi}_2$。同理可得

$$\varsigma_3 = \frac{\hat{a}_3}{\hat{A}} \tag{4-27}$$

$$\varsigma_1 = \frac{\hat{a}_1}{\hat{A}} \tag{4-28}$$

而 $\varsigma_3 = \eta = \hat{\psi}_3$，$\varsigma_1 = \hat{\psi}_1 = 1 - \xi - \eta$。

上述面積座標線性形狀函數可以延伸到二次形狀函數。要建立二

次形狀函數,需要在三角形元素上選定 6 個節點,如圖 4-6 所示。

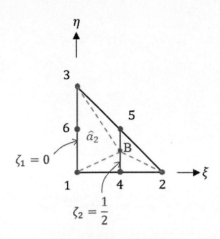

圖 4-7　面積座標頂點 2 的二次形狀函數

由圖可知,頂點 2 的形狀函數為在本身位置其值為 1,而其他節點則為 0。基於此,則頂點 2 的二次形狀函數可建立為:

$$\hat{\psi}_2 = \frac{(\varsigma_2 - 0)\left(\varsigma_2 - \frac{1}{2}\right)}{(1-0)\left(1-\frac{1}{2}\right)} = 2\varsigma_2\left(\varsigma_2 - \frac{1}{2}\right) \tag{4-29}$$

由上式可知,形狀函數為由通過節點 3-6-1 的函數 $(\varsigma_2 - 0)$,以及通過節點 5-4 的函數 $(\varsigma_2 - \frac{1}{2})$,兩函數相乘後,再除以用 $\varsigma_2 = 1$ 代入的值得到。同理,中間節點 4 的二次形狀函數為由通過節點 2-5-3 的函數 $(\varsigma_1 - 0)$,以及通過節點 3-6-1 的函數 $(\varsigma_2 - 0)$,兩函數相乘後,再除以用 $\varsigma_1 = 1/2$, $\varsigma_2 = 1/2$ 代入的值得到,如圖 4-8。

$$\hat{\psi}_4 = \frac{(\varsigma_1 - 0)(\varsigma_2 - 0)}{\left(\frac{1}{2} - 0\right)\left(\frac{1}{2} - 0\right)} = 4\varsigma_1\varsigma_2 \tag{4-30}$$

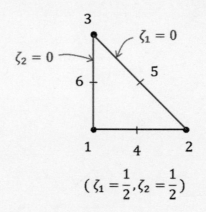

$$(\zeta_1 = \frac{1}{2}, \zeta_2 = \frac{1}{2})$$

圖 4-8　面積座標中間點 4 的二次形狀函數

同樣的，其他頂點和中間點位置的節點形狀函數均可以如此得到。

　　形狀函數若使用面積座標$(\varsigma_1,\varsigma_2,\varsigma_3)$表示，則近似解和微分值表示式分別為：

$$u = \sum \hat{\psi}_j \left(\varsigma_1,\varsigma_2,\varsigma_3\right) \cdot u_j \tag{4-31}$$

$$\frac{\partial u}{\partial x} = \sum \frac{\partial \hat{\psi}_j}{\partial x} \cdot u_j \tag{4-32a}$$

$$\frac{\partial u}{\partial y} = \sum \frac{\partial \hat{\psi}_j}{\partial y} \cdot u_j \tag{4-32b}$$

式中

$$\frac{\partial \hat{\psi}_j}{\partial x} = \frac{\partial \hat{\psi}_j}{\partial \varsigma_1}\frac{\partial \varsigma_1}{\partial x} + \frac{\partial \hat{\psi}_j}{\partial \varsigma_2}\frac{\partial \varsigma_2}{\partial x} + \frac{\partial \hat{\psi}_j}{\partial \varsigma_3}\frac{\partial \varsigma_3}{\partial x} \tag{4-33a}$$

$$\frac{\partial \hat{\psi}_j}{\partial y} = \frac{\partial \hat{\psi}_j}{\partial \varsigma_1}\frac{\partial \varsigma_1}{\partial y} + \frac{\partial \hat{\psi}_j}{\partial \varsigma_2}\frac{\partial \varsigma_2}{\partial y} + \frac{\partial \hat{\psi}_j}{\partial \varsigma_3}\frac{\partial \varsigma_3}{\partial y} \tag{4-33b}$$

則在計算上需要用到直角座標(x, y)與面積座標$(\varsigma_1, \varsigma_2, \varsigma_3)$兩座標間的轉換關係式。在作法上，也先利用形狀函數表出座標：

$$x = \varsigma_1 x_1 + \varsigma_2 x_2 + \varsigma_3 x_3$$
$$= \sum_{i=1}^{3} \varsigma_i x_i \tag{4-34a}$$

$$y = \varsigma_1 y_1 + \varsigma_2 y_2 + \varsigma_3 y_3$$
$$= \sum_{i=1}^{3} \varsigma_i y_i \tag{4-34b}$$

以及三個頂點面積座標加起來等於 1 的特性：

$$\varsigma_1 + \varsigma_2 + \varsigma_3 = 1 \tag{4-35}$$

由上述三個方程式（4-34a, b）（4-35），以矩陣式表出可得：

$$\begin{pmatrix} 1 \\ x \\ y \end{pmatrix} = \begin{bmatrix} 1 & 1 & 1 \\ x_1 & x_2 & x_3 \\ y_1 & y_2 & y_3 \end{bmatrix} \begin{pmatrix} \varsigma_1 \\ \varsigma_2 \\ \varsigma_3 \end{pmatrix} \tag{4-36}$$

利用反矩陣可得：

$$\begin{pmatrix} \varsigma_1 \\ \varsigma_2 \\ \varsigma_3 \end{pmatrix} = \begin{bmatrix} 1 & 1 & 1 \\ x_1 & x_2 & x_3 \\ y_1 & y_2 & y_3 \end{bmatrix}^{-1} \begin{pmatrix} 1 \\ x \\ y \end{pmatrix} \tag{4-37}$$

上式展開即可得到 面積座標與直角座標的關係式：

$$\varsigma_j = a_j + b_j x + c_j y, \quad j = 1,2,3 \tag{4-38}$$

式中係數為：

$$a_1 = \frac{(x_2 y_3 - x_3 y_2)}{2A^e}, \quad a_2 = \frac{(x_3 y_1 - x_1 y_3)}{2A^e}, \quad a_3 = \frac{(x_1 y_2 - x_2 y_1)}{2A^e}$$

$$b_1 = \frac{(y_2 - y_3)}{2A^e}, \quad b_2 = \frac{(y_3 - y_1)}{2A^e}, \quad b_3 = \frac{(y_1 - y_2)}{2A^e}$$

$$c_1 = \frac{(x_3 - x_2)}{2A^e}, \quad c_2 = \frac{(x_1 - x_3)}{2A^e}, \quad c_3 = \frac{(x_2 - x_1)}{2A^e} \qquad (4\text{-}39)$$

其中 A^e 為三角形面積。由上式亦可以得到微分式：

$$\frac{\partial \varsigma_j}{\partial x} = b_j \qquad\qquad\qquad (4\text{-}40a)$$

$$\frac{\partial \varsigma_j}{\partial y} = c_j \qquad\qquad\qquad (4\text{-}40b)$$

另外，使用面積座標在計算勁度 K_{ij}^e 所用到對元素積分式可以利用（Becker, P.207, Exercise 5.4.8）的計算式

$$\int_{\hat{\Omega}} \varsigma_1^\mu \varsigma_2^\nu \varsigma_3^\tau \, d\varsigma_2 d\varsigma_3 = \frac{\mu!\,\nu!\,\tau!}{(\mu + \nu + \tau + 2)!} \qquad (4\text{-}41a)$$

$$\int_0^1 \varsigma_1^\mu \varsigma_2^\nu \, d\varsigma_2 = \frac{\mu!\,\nu!}{(\mu + \nu + 1)!} \qquad (4\text{-}41b)$$

4.3 二維四邊形元素

【直角座標與自然座標轉換關係】

與三角形元素的概念類似，物理問題以直角座標 (x, y) 來描述，但是在有限元素法中則以自然座標 (ξ, η) 來描述元素上的函數。直角座標和自然座標兩者之間的轉換關係可由以下來說明。直角座標為自然座標的函數 $x(\xi, \eta)$，$y(\xi, \eta)$，則其微分關係為：

$$dx = \frac{\partial x}{\partial \xi} d\xi + \frac{\partial x}{\partial \eta} d\eta \tag{4-42}$$

$$dy = \frac{\partial y}{\partial \xi} d\xi + \frac{\partial y}{\partial \eta} d\eta \tag{4-43}$$

若以矩陣形式表示，則為：

$$\begin{Bmatrix} dx \\ dy \end{Bmatrix} = \begin{bmatrix} \dfrac{\partial x}{\partial \xi} & \dfrac{\partial x}{\partial \eta} \\ \dfrac{\partial y}{\partial \xi} & \dfrac{\partial y}{\partial \eta} \end{bmatrix} \begin{Bmatrix} d\xi \\ d\eta \end{Bmatrix} \tag{4-44}$$

上式可以定義 Jacobi 矩陣（Jacobian matrix）

$$[J] = \begin{bmatrix} \dfrac{\partial x}{\partial \xi} & \dfrac{\partial x}{\partial \eta} \\ \dfrac{\partial y}{\partial \xi} & \dfrac{\partial y}{\partial \eta} \end{bmatrix} \tag{4-45}$$

利用反矩陣可以表出自然座標的微分式：

$$\begin{Bmatrix} d\xi \\ d\eta \end{Bmatrix} = \begin{bmatrix} \dfrac{\partial x}{\partial \xi} & \dfrac{\partial x}{\partial \eta} \\ \dfrac{\partial y}{\partial \xi} & \dfrac{\partial y}{\partial \eta} \end{bmatrix}^{-1} \begin{Bmatrix} dx \\ dy \end{Bmatrix} \tag{4-46}$$

其中，反矩陣可以表示為：

$$\begin{bmatrix} \dfrac{\partial x}{\partial \xi} & \dfrac{\partial x}{\partial \eta} \\ \dfrac{\partial y}{\partial \xi} & \dfrac{\partial y}{\partial \eta} \end{bmatrix}^{-1} = \dfrac{1}{|J|} \begin{bmatrix} \dfrac{\partial y}{\partial \eta} & -\dfrac{\partial x}{\partial \eta} \\ -\dfrac{\partial y}{\partial \xi} & \dfrac{\partial x}{\partial \xi} \end{bmatrix} \tag{4-47}$$

則轉換關係矩陣可以表示為：

$$\begin{Bmatrix} d\xi \\ d\eta \end{Bmatrix} = \dfrac{1}{|J|} \begin{bmatrix} \dfrac{\partial y}{\partial \eta} & -\dfrac{\partial x}{\partial \eta} \\ -\dfrac{\partial y}{\partial \xi} & \dfrac{\partial x}{\partial \xi} \end{bmatrix} \begin{Bmatrix} dx \\ dy \end{Bmatrix} \tag{4-48}$$

式中 Jacobi 矩陣的行列式值為：

$$|J| = \det[J] = \dfrac{\partial x}{\partial \xi}\dfrac{\partial y}{\partial \eta} - \dfrac{\partial x}{\partial \eta}\dfrac{\partial y}{\partial \xi} \tag{4-49}$$

同樣的，反過來看，自然座標與直角座標間的轉換關係 $\xi(x, y)$，$\eta(x, y)$ 也可以建立起來。

$$d\xi = \dfrac{\partial \xi}{\partial x}dx + \dfrac{\partial \xi}{\partial y}dy \tag{4-50}$$

$$d\eta = \dfrac{\partial \eta}{\partial x}dx + \dfrac{\partial \eta}{\partial y}dy \tag{4-51}$$

以矩陣形式表示，則為：

$$\begin{Bmatrix} d\xi \\ d\eta \end{Bmatrix} = \begin{bmatrix} \dfrac{\partial \xi}{\partial x} & \dfrac{\partial \xi}{\partial y} \\ \dfrac{\partial \eta}{\partial x} & \dfrac{\partial \eta}{\partial y} \end{bmatrix} \begin{Bmatrix} dx \\ dy \end{Bmatrix} \tag{4-52}$$

上式與（4-48）式對照可以得到自然座標對直角座標的微分關係：

$$\frac{\partial \xi}{\partial x} = \frac{1}{|J|} \frac{\partial y}{\partial \eta} \tag{4-53a}$$

$$\frac{\partial \xi}{\partial y} = -\frac{1}{|J|} \frac{\partial x}{\partial \eta} \tag{4-53b}$$

$$\frac{\partial \eta}{\partial x} = -\frac{1}{|J|} \frac{\partial y}{\partial \xi} \tag{4-53c}$$

$$\frac{\partial \eta}{\partial y} = \frac{1}{|J|} \frac{\partial x}{\partial \xi} \tag{4-53d}$$

上述關係（4-53）式在有限元素法計算中為重要的座標轉換表示式。

【形狀函數】

四邊形元素形狀函數的特性和三角形元素相同，該節點的函數值為壹而在其他節點上則為零。利用這樣的特性則可以很簡單的建立形狀函數。以線性元素來作說明，如圖 4-9 所示。由於是線性函數因此元素每邊使用兩個節點，四邊形元素總共四個節點。定下節點的號碼（習慣上使用逆時針方向），以及右手定則自然座標。四個邊的直線方程式可以分別定出，如圖上所標示。以節點 1 來看，則通過 2, 3, 4 且節點值為零的表示式可以寫出為

$$\tilde{\psi}_1 = (1-\xi)(1-\eta) \tag{4-54}$$

現在希望（4-54）式在節點 1 的值為壹，則將節點 1 的座標（-1,-1）代入（4-54）式然後將所得的值置於分母得到：

$$\psi_1(\xi,\eta) = \frac{(1-\xi)(1-\eta)}{4} \tag{4-55}$$

其他三個節點的形狀函數則仿照這樣的作法可以得到表示式，如圖 4-10。

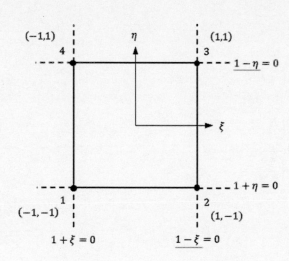

圖 4-9　四邊形線性元素的建立

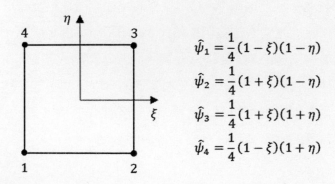

$$\hat{\psi}_1 = \frac{1}{4}(1-\xi)(1-\eta)$$

$$\hat{\psi}_2 = \frac{1}{4}(1+\xi)(1-\eta)$$

$$\hat{\psi}_3 = \frac{1}{4}(1+\xi)(1+\eta)$$

$$\hat{\psi}_4 = \frac{1}{4}(1-\xi)(1+\eta)$$

圖 4-10　四邊形線性形狀函數

　　四邊形元素二次形狀函數的建立概念和線性類似，如圖 4-11 所示。由於是二次函數因此元素每邊使用三個節點，以完整多項式表示則元素使用 9 個節點。由於這種形狀函數很少使用，因此不在這裡說明。比較常用的二次元素一般使用端點和中間點，四邊形元素總共 8 個節點，如圖 4-12 所示。定下節點的號碼（習慣上使用逆時針方向，先給端點再給中間點號碼），以及右手定則自然座標。以建立節點 1 的形狀函數來看，則通過其餘節點 2~8 且函數在節點值為零的表示式可以寫出為：

$$\tilde{\psi}_1 = (1-\xi)(1-\eta)(-1-\xi-\eta) \tag{4-56}$$

式中可看出為通過 2-6-3、3-7-4，以及 5-8 的直線方程式乘在一起。接著為將節點 1 的座標（-1,-1）代入（4-56）式然後將所得的值置於分母得到：

$$\psi_1(\xi,\eta) = \frac{(1-\xi)(1-\eta)(-1-\xi-\eta)}{4} \tag{4-57}$$

其他三個端點位置 2, 3, 4 的節點的形狀函數則仿照這樣的作法可以得到表示式，如圖 4-13。至於中間點節點的形狀函數建立，以節點 5 來看，則為：

通過 2-6-3、3-7-4，以及 4-8-1 三個直線方程式乘在一起，接著為將節點 5 的座標（0,-1）代入表示式，然後將所得的值置於分母得到：

$$\psi_5(\xi,\eta) = \frac{(1-\xi)(1+\xi)(1-\eta)}{2} \tag{4-58}$$

其他三個中間點 6, 7, 8 節點的形狀函數則仿照這樣的作法可以得到表示式，如圖 4-12。

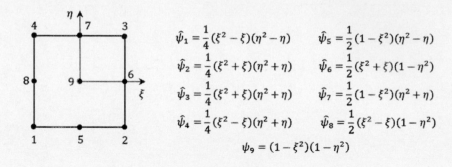

$$\hat{\psi}_1 = \frac{1}{4}(\xi^2 - \xi)(\eta^2 - \eta) \qquad \hat{\psi}_5 = \frac{1}{2}(1 - \xi^2)(\eta^2 - \eta)$$

$$\hat{\psi}_2 = \frac{1}{4}(\xi^2 + \xi)(\eta^2 + \eta) \qquad \hat{\psi}_6 = \frac{1}{2}(\xi^2 + \xi)(1 - \eta^2)$$

$$\hat{\psi}_3 = \frac{1}{4}(\xi^2 + \xi)(\eta^2 + \eta) \qquad \hat{\psi}_7 = \frac{1}{2}(1 - \xi^2)(\eta^2 + \eta)$$

$$\hat{\psi}_4 = \frac{1}{4}(\xi^2 - \xi)(\eta^2 + \eta) \qquad \hat{\psi}_8 = \frac{1}{2}(\xi^2 - \xi)(1 - \eta^2)$$

$$\psi_9 = (1 - \xi^2)(1 - \eta^2)$$

圖 4-11　四邊形 9 個節點二次形狀函數

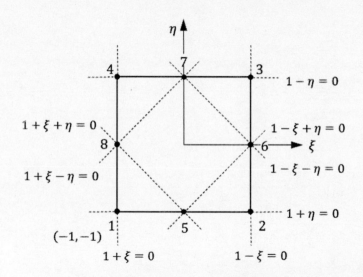

圖 4-12　常用四邊形二次形狀函數的建立

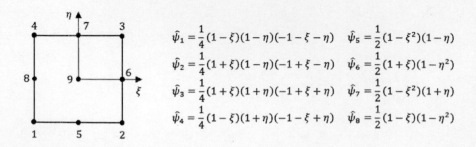

$$\hat{\psi}_1 = \frac{1}{4}(1 - \xi)(1 - \eta)(-1 - \xi - \eta) \qquad \hat{\psi}_5 = \frac{1}{2}(1 - \xi^2)(1 - \eta)$$

$$\hat{\psi}_2 = \frac{1}{4}(1 + \xi)(1 - \eta)(-1 + \xi - \eta) \qquad \hat{\psi}_6 = \frac{1}{2}(1 + \xi)(1 - \eta^2)$$

$$\hat{\psi}_3 = \frac{1}{4}(1 + \xi)(1 + \eta)(-1 + \xi + \eta) \qquad \hat{\psi}_7 = \frac{1}{2}(1 - \xi^2)(1 + \eta)$$

$$\hat{\psi}_4 = \frac{1}{4}(1 - \xi)(1 + \eta)(-1 - \xi + \eta) \qquad \hat{\psi}_8 = \frac{1}{2}(1 - \xi)(1 - \eta^2)$$

圖 4-13　四邊形二次形狀函數

4.4 有限元素法計算式

由二維問題通式之控制方程式

$$-\nabla \cdot (k\nabla u) + bu - f = 0 \qquad (4\text{-}59)$$

其對應之四邊形元素計算式為：

$$\left[K^e\right]\{u\} = \{F^e\}$$

式中，使用自然座標形狀函數之勁度與外力項為：

$$K_{ij}^e = \int_\Omega \left[k\left(\frac{\partial \psi_i}{\partial x}\frac{\partial \psi_j}{\partial x} + \frac{\partial \psi_i}{\partial y}\frac{\partial \psi_j}{\partial y}\right) + b\psi_i \psi_j \right] dxdy \qquad (4\text{-}60)$$

$$F_i^e = \int_\Omega f\psi_i \, dxdy + \int_{\partial\Omega} k\frac{\partial u}{\partial n}\psi_i \, ds \qquad (4\text{-}61)$$

在勁度表示式中以自然座標表示的形狀函數 $\psi_i\left(\xi,\eta\right)$ 與直角座標具有轉換關係，$\xi(x,y)$，$\eta(x,y)$，因此可得：

$$\frac{\partial \psi_i}{\partial x} = \frac{\partial \psi_i}{\partial \xi}\frac{\partial \xi}{\partial x} + \frac{\partial \psi_i}{\partial \eta}\frac{\partial \eta}{\partial x} \qquad (4\text{-}62a)$$

$$\frac{\partial \psi_i}{\partial y} = \frac{\partial \psi_i}{\partial \xi}\frac{\partial \xi}{\partial y} + \frac{\partial \psi_i}{\partial \eta}\frac{\partial \eta}{\partial y} \qquad (4\text{-}62b)$$

式中，利用前述關係式：

$$\frac{\partial \xi}{\partial x} = \frac{1}{|J|}\frac{\partial y}{\partial \eta} \;,\qquad \frac{\partial \xi}{\partial y} = -\frac{1}{|J|}\frac{\partial x}{\partial \eta} \qquad (4\text{-}63a)$$

$$\frac{\partial \eta}{\partial x} = -\frac{1}{|J|}\frac{\partial y}{\partial \xi} \quad , \quad \frac{\partial \eta}{\partial y} = \frac{1}{|J|}\frac{\partial x}{\partial \xi} \tag{4-63b}$$

同時，元素幾何座標利用形狀函數表出

$$x = \sum \psi_i\,(\xi,\eta)\cdot x_i \quad , \quad y = \sum \psi_i\,(\xi,\eta)\cdot y_i \tag{4-64}$$

以及其微分式：

$$\frac{\partial x}{\partial \xi} = \sum \frac{\partial \psi_i}{\partial \xi}\cdot x_i \quad , \quad \frac{\partial x}{\partial \eta} = \sum \frac{\partial \psi_i}{\partial \eta}\cdot x_i \tag{4-65a}$$

$$\frac{\partial y}{\partial \xi} = \sum \frac{\partial \psi_i}{\partial \xi}\cdot y_i \quad , \quad \frac{\partial y}{\partial \eta} = \sum \frac{\partial \psi_i}{\partial \eta}\cdot y_i \tag{4-65b}$$

則可得需要使用之計算式。

形狀函數對座標 x 之微分式：

$$\frac{\partial \psi_i}{\partial x} = \frac{\partial \psi_i}{\partial \xi}\frac{\partial \xi}{\partial x} + \frac{\partial \psi_i}{\partial \eta}\frac{\partial \eta}{\partial x} \tag{4-66}$$

利用前述關係式

$$\frac{\partial \xi}{\partial x} = \frac{1}{|J|}\frac{\partial y}{\partial \eta} \quad , \quad \frac{\partial \eta}{\partial x} = -\frac{1}{|J|}\frac{\partial y}{\partial \xi} \tag{4-67a}$$

$$\frac{\partial y}{\partial \xi} = \sum \frac{\partial \psi_j}{\partial \xi}\cdot y_j \quad , \quad \frac{\partial y}{\partial \eta} = \sum \frac{\partial \psi_j}{\partial \eta}\cdot y_j \tag{4-67b}$$

可得形狀函數對 x 微分式：

$$\frac{\partial \psi_i}{\partial x} = \frac{\partial \psi_i}{\partial \xi}\left[\frac{1}{|J|}\left(\sum \frac{\partial \psi_j}{\partial \eta}\cdot y_j\right)\right] + \frac{\partial \psi_i}{\partial \eta}\left[-\frac{1}{|J|}\left(\sum \frac{\partial \psi_j}{\partial \xi}\cdot y_j\right)\right] \quad (4\text{-}68)$$

同樣的，形狀函數對座標 y 之微分式：

$$\frac{\partial \psi_i}{\partial y} = \frac{\partial \psi_i}{\partial \xi}\frac{\partial \xi}{\partial y} + \frac{\partial \psi_i}{\partial \eta}\frac{\partial \eta}{\partial y} \quad (4\text{-}69)$$

利用前述關係：

$$\frac{\partial \xi}{\partial y} = -\frac{1}{|J|}\frac{\partial x}{\partial \eta} \;,\; \frac{\partial \eta}{\partial y} = \frac{1}{|J|}\frac{\partial x}{\partial \xi} \;, \quad (4\text{-}70a)$$

$$\frac{\partial x}{\partial \eta} = \sum \frac{\partial \psi_j}{\partial \eta}\cdot x_j \;,\; \frac{\partial x}{\partial \xi} = \sum \frac{\partial \psi_j}{\partial \xi}\cdot x_j \quad (4\text{-}70b)$$

可得形狀函數對座標 y 微分式：

$$\frac{\partial \psi_i}{\partial y} = \frac{\partial \psi_i}{\partial \xi}\left[-\frac{1}{|J|}\left(\sum \frac{\partial \psi_j}{\partial \eta}\cdot x_j\right)\right] + \frac{\partial \psi_i}{\partial \eta}\left[\frac{1}{|J|}\left(\sum \frac{\partial \psi_j}{\partial \xi}\cdot x_j\right)\right] \quad (4\text{-}71)$$

其中，Jacobi 行列式值之計算則利用下列關係式：

$$\frac{\partial x}{\partial \xi} = \sum \frac{\partial \psi_i}{\partial \xi}\cdot x_i \;,\; \frac{\partial y}{\partial \eta} = \sum \frac{\partial \psi_i}{\partial \eta}\cdot y_i \;,\; \frac{\partial x}{\partial \eta} = \sum \frac{\partial \psi_i}{\partial \eta}\cdot x_i \;,$$

$$\frac{\partial y}{\partial \xi} = \sum \frac{\partial \psi_i}{\partial \xi}\cdot y_i \quad (4\text{-}72)$$

可以將 Jacobi 行列式值另外表示為：

$$|J| = \frac{\partial x}{\partial \xi}\frac{\partial y}{\partial \eta} - \frac{\partial x}{\partial \eta}\frac{\partial y}{\partial \xi}$$

$$= \left(\sum \frac{\partial \psi_j}{\partial \xi} \cdot x_j\right)\left(\sum \frac{\partial \psi_j}{\partial \eta} \cdot y_j\right) - \left(\sum \frac{\partial \psi_j}{\partial \eta} \cdot x_j\right)\left(\sum \frac{\partial \psi_j}{\partial \xi} \cdot y_j\right) \tag{4-73}$$

最後，勁度項之計算由直角座標轉為自然座標，需要用到微分面積的轉換關係：

$$dxdy = |J|d\xi d\eta \tag{4-74}$$

至此，勁度項積分內表示式可以完全表示為以自然座標寫出：

$$K_{ij}^e = \int_{\Omega^e}\left[k\left(\frac{\partial \psi_i}{\partial x}\frac{\partial \psi_j}{\partial x} + \frac{\partial \psi_i}{\partial y}\frac{\partial \psi_j}{\partial y}\right) + b\psi_i\psi_j\right]dxdy$$

$$= \int_\xi \int_\eta \hat{g}(\xi,\eta)|J|d\xi d\eta \tag{4-75}$$

$$= \int_\xi \int_\eta g(\xi,\eta)d\xi d\eta$$

以上勁度項雖然表示為自然座標，但是在一般問題計算上，上述之積分需要利用數值計算才可行。

在有限元素法中，數值積分一般都使用高斯積分法（Gaussian quadrature rule）。高斯積分法的主要作法為，把積分改為數個高斯積分點上的函數值乘上加權因子，然後累加得到結果。而累加項數則決定於所取的積分階次。

（http://en.wikipedia.org/wiki/Gaussian_quadrature）

一維高斯積分可以表示為：

$$\int_{-1}^{+1} G(\xi) d\xi = \sum_{\ell=1}^{N_\ell} w_\ell \cdot G(\xi_\ell) \qquad (4\text{-}76)$$

式中，w_ℓ 為加權因子（weighting factor），ξ_ℓ 為高斯積分點，N_ℓ 為高斯積分項數。

二維高斯積分則表示為：

$$
\begin{aligned}
\int_{-1}^{+1}\int_{-1}^{+1} G(\xi,\eta) d\xi d\eta &= \int_{-1}^{+1}\left[\sum_{\ell} w_\ell \cdot G(\xi_\ell,\eta)\right] d\eta \\
&= \sum_{k} w_k \left[\sum_{\ell} w_\ell \cdot G(\xi_\ell,\eta_k)\right] \qquad (4\text{-}77) \\
&= \sum_{k}^{N_k}\sum_{\ell}^{N_\ell} w_k w_\ell \cdot G(\xi_\ell,\eta_k)
\end{aligned}
$$

至於加權因子以及高斯積分點，如以 9 點積分法則可以表示如圖 4-14。

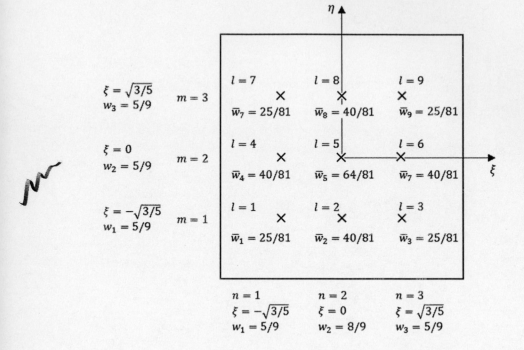

圖 4-14　兩個方向分別為 3 點法則的 9 點高斯積分點與加權因子

【四邊形線性元素計算式】

以下以四邊形線性元素為例，說明勁度矩陣的計算式。元素四點的座標為 1(0,0),2(2,0),3(2,2),4(0,2)定義如圖 4-15 所示。線性元素節點的形狀函數為：

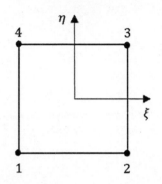

圖 4-15　四邊形線性元素定義

$$\psi_1(\xi,\eta) = \frac{(1-\xi)(1-\eta)}{4} \quad , \quad \psi_2(\xi,\eta) = \frac{(1+\xi)(1-\eta)}{4} \qquad (4\text{-}78a)$$

$$\psi_3(\xi,\eta) = \frac{(1+\xi)(1+\eta)}{4} \quad , \quad \psi_4(\xi,\eta) = \frac{(1-\xi)(1+\eta)}{4} \qquad (4\text{-}78b)$$

其微分式可寫為：

$$\frac{\partial \psi_1}{\partial \xi} = \frac{-(1-\eta)}{4} \quad , \quad \frac{\partial \psi_1}{\partial \eta} = \frac{-(1-\xi)}{4} \qquad (4\text{-}79a)$$

$$\frac{\partial \psi_2}{\partial \xi} = \frac{(1-\eta)}{4} \quad , \quad \frac{\partial \psi_2}{\partial \eta} = \frac{-(1+\xi)}{4} \qquad (4\text{-}79b)$$

$$\frac{\partial \psi_3}{\partial \xi} = \frac{(1+\eta)}{4} \quad , \quad \frac{\partial \psi_3}{\partial \eta} = \frac{(1+\xi)}{4} \qquad (4\text{-}79c)$$

$$\frac{\partial \psi_4}{\partial \xi} = \frac{-(1+\eta)}{4} \quad , \quad \frac{\partial \psi_4}{\partial \eta} = \frac{(1-\xi)}{4} \qquad (4\text{-}79d)$$

元素的勁度表示式為：

$$K_{ij}^e = \sum_{\ell=1}^{9} \bar{w}_\ell \left[\left(\frac{\partial \psi_i}{\partial x} \frac{\partial \psi_j}{\partial x} + \frac{\partial \psi_i}{\partial y} \frac{\partial \psi_j}{\partial y} \right) |J| \right]_{(\xi,\eta)_\ell} \tag{4-80}$$

組成成份 K_{11}^e 計算在第一個高斯積分點則為：

$$\left(K_{11}^e \right)_{\ell=1} = \bar{w}_1 \left[\left(\frac{\partial \psi_1}{\partial x} \frac{\partial \psi_1}{\partial x} + \frac{\partial \psi_1}{\partial y} \frac{\partial \psi_1}{\partial y} \right) |J| \right]_{(\xi,\eta)_1} \tag{4-81}$$

勁度（4-80）式中的微分式為了計算可另表示為：

$$
\begin{aligned}
\frac{\partial \psi_1}{\partial x} &= \frac{\partial \psi_1}{\partial \xi} \left[\frac{1}{|J|} \left(\sum \frac{\partial \psi_j}{\partial \eta} \cdot y_j \right) \right] + \frac{\partial \psi_1}{\partial \eta} \left[-\frac{1}{|J|} \left(\sum \frac{\partial \psi_j}{\partial \xi} \cdot y_j \right) \right] \\
&= \frac{\partial \psi_1}{\partial \xi} \left[\frac{1}{|J|} \left(\frac{\partial \psi_1}{\partial \eta} \cdot y_1 + \frac{\partial \psi_2}{\partial \eta} \cdot y_2 + \frac{\partial \psi_3}{\partial \eta} \cdot y_3 + \frac{\partial \psi_4}{\partial \eta} \cdot y_4 \right) \right] \\
&\quad + \frac{\partial \psi_1}{\partial \eta} \left[-\frac{1}{|J|} \left(\frac{\partial \psi_1}{\partial \xi} \cdot y_1 + \frac{\partial \psi_2}{\partial \xi} \cdot y_2 + \frac{\partial \psi_3}{\partial \xi} \cdot y_3 + \frac{\partial \psi_4}{\partial \xi} \cdot y_4 \right) \right]
\end{aligned} \tag{4-82}
$$

$$
\begin{aligned}
\frac{\partial \psi_1^e}{\partial x} &= \frac{\partial \psi_1}{\partial \xi} \left[\frac{1}{|J|} \left(\frac{\partial \psi_1}{\partial \eta} \cdot y_1 + \frac{\partial \psi_2}{\partial \eta} \cdot y_2 + \frac{\partial \psi_3}{\partial \eta} \cdot y_3 + \frac{\partial \psi_4}{\partial \eta} \cdot y_4 \right) \right] \\
&\quad + \frac{\partial \psi_1}{\partial \eta} \left[-\frac{1}{|J|} \left(\frac{\partial \psi_1}{\partial \xi} \cdot y_1 + \frac{\partial \psi_2}{\partial \xi} \cdot y_2 + \frac{\partial \psi_3}{\partial \xi} \cdot y_3 + \frac{\partial \psi_4}{\partial \xi} \cdot y_4 \right) \right] \\
&= \frac{-(1-\eta)}{4} \left[\frac{1}{|J|} \left(\frac{-(1-\xi)}{4} \cdot y_1 + \frac{-(1+\xi)}{4} \cdot y_2 + \frac{(1+\xi)}{4} \cdot y_3 + \frac{(1-\xi)}{4} \cdot y_4 \right) \right] \\
&\quad + \frac{-(1-\xi)}{4} \left[-\frac{1}{|J|} \left(\frac{-(1-\eta)}{4} \cdot y_1 + \frac{(1-\eta)}{4} \cdot y_2 + \frac{(1+\eta)}{4} \cdot y_3 + \frac{-(1+\eta)}{4} \cdot y_4 \right) \right]
\end{aligned}
$$

$$\tag{4-83}$$

同樣的，

$$\frac{\partial \psi_1^e}{\partial y} = \frac{\partial \psi_1^e}{\partial \xi}\left[-\frac{1}{|J|}\left(\sum \frac{\partial \psi_j^e}{\partial \eta} \cdot x_j\right)\right] + \frac{\partial \psi_1^e}{\partial \eta}\left[\frac{1}{|J|}\left(\sum \frac{\partial \psi_j^e}{\partial \xi} \cdot x_j\right)\right]$$

$$= \frac{\partial \psi_1^e}{\partial \xi}\left[-\frac{1}{|J|}\left(\frac{\partial \psi_1^e}{\partial \eta} \cdot x_1 + \frac{\partial \psi_2^e}{\partial \eta} \cdot x_2 + \frac{\partial \psi_3^e}{\partial \eta} \cdot x_3 + \frac{\partial \psi_4^e}{\partial \eta} \cdot x_4\right)\right] \qquad (4\text{-}84)$$

$$+ \frac{\partial \psi_1^e}{\partial \eta}\left[\frac{1}{|J|}\left(\frac{\partial \psi_1^e}{\partial \xi} \cdot x_1 + \frac{\partial \psi_2^e}{\partial \xi} \cdot x_2 + \frac{\partial \psi_3^e}{\partial \xi} \cdot x_3 + \frac{\partial \psi_4^e}{\partial \xi} \cdot x_4\right)\right]$$

進一步展開則為：

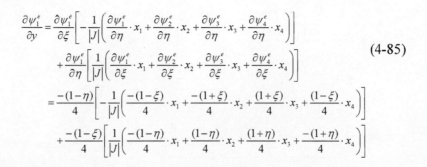

$$\frac{\partial \psi_1^e}{\partial y} = \frac{\partial \psi_1^e}{\partial \xi}\left[-\frac{1}{|J|}\left(\frac{\partial \psi_1^e}{\partial \eta} \cdot x_1 + \frac{\partial \psi_2^e}{\partial \eta} \cdot x_2 + \frac{\partial \psi_3^e}{\partial \eta} \cdot x_3 + \frac{\partial \psi_4^e}{\partial \eta} \cdot x_4\right)\right]$$

$$+ \frac{\partial \psi_1^e}{\partial \eta}\left[\frac{1}{|J|}\left(\frac{\partial \psi_1^e}{\partial \xi} \cdot x_1 + \frac{\partial \psi_2^e}{\partial \xi} \cdot x_2 + \frac{\partial \psi_3^e}{\partial \xi} \cdot x_3 + \frac{\partial \psi_4^e}{\partial \xi} \cdot x_4\right)\right] \qquad (4\text{-}85)$$

$$= \frac{-(1-\eta)}{4}\left[-\frac{1}{|J|}\left(\frac{-(1-\xi)}{4} \cdot x_1 + \frac{-(1+\xi)}{4} \cdot x_2 + \frac{(1+\xi)}{4} \cdot x_3 + \frac{(1-\xi)}{4} \cdot x_4\right)\right]$$

$$+ \frac{-(1-\xi)}{4}\left[\frac{1}{|J|}\left(\frac{-(1-\eta)}{4} \cdot x_1 + \frac{(1-\eta)}{4} \cdot x_2 + \frac{(1+\eta)}{4} \cdot x_3 + \frac{-(1+\eta)}{4} \cdot x_4\right)\right]$$

其中，Jocobian 行列式值則計算為：

$$|J| = \frac{\partial x}{\partial \xi}\frac{\partial y}{\partial \eta} - \frac{\partial x}{\partial \eta}\frac{\partial y}{\partial \xi}$$

$$= \left(\sum \frac{\partial \psi_i^e}{\partial \xi} \cdot x_i\right)\left(\sum \frac{\partial \psi_i^e}{\partial \eta} \cdot y_i\right) - \left(\sum \frac{\partial \psi_i^e}{\partial \eta} \cdot x_i\right)\left(\sum \frac{\partial \psi_i^e}{\partial \xi} \cdot y_i\right)$$

$$= \left(\frac{\partial \psi_1^e}{\partial \xi} \cdot x_1 + \frac{\partial \psi_2^e}{\partial \xi} \cdot x_2 + \frac{\partial \psi_3^e}{\partial \xi} \cdot x_3 + \frac{\partial \psi_4^e}{\partial \xi} \cdot x_4\right)$$

$$\cdot \left(\frac{\partial \psi_1^e}{\partial \eta} \cdot y_1 + \frac{\partial \psi_2^e}{\partial \eta} \cdot y_2 + \frac{\partial \psi_3^e}{\partial \eta} \cdot y_3 + \frac{\partial \psi_4^e}{\partial \eta} \cdot y_4\right)$$

$$- \left(\frac{\partial \psi_1^e}{\partial \eta} \cdot x_1 + \frac{\partial \psi_2^e}{\partial \eta} \cdot x_2 + \frac{\partial \psi_3^e}{\partial \eta} \cdot x_3 + \frac{\partial \psi_4^e}{\partial \eta} \cdot x_4\right)$$

$$\cdot \left(\frac{\partial \psi_1^e}{\partial \xi} \cdot y_1 + \frac{\partial \psi_2^e}{\partial \xi} \cdot y_2 + \frac{\partial \psi_3^e}{\partial \xi} \cdot y_3 + \frac{\partial \psi_4^e}{\partial \xi} \cdot y_4\right)$$

$$= \left(\frac{-(1-\eta)}{4} \cdot x_1 + \frac{(1-\eta)}{4} \cdot x_2 + \frac{(1+\eta)}{4} \cdot x_3 + \frac{-(1+\eta)}{4} \cdot x_4\right)$$

$$\cdot \left(\frac{-(1-\xi)}{4} \cdot y_1 + \frac{-(1+\xi)}{4} \cdot y_2 + \frac{(1+\xi)}{4} \cdot y_3 + \frac{(1-\xi)}{4} \cdot y_4\right)$$

$$- \left(\frac{-(1-\xi)}{4} \cdot x_1 + \frac{-(1+\xi)}{4} \cdot x_2 + \frac{(1+\xi)}{4} \cdot x_3 + \frac{(1-\xi)}{4} \cdot x_4\right)$$

$$\cdot \left(\frac{-(1-\eta)}{4} \cdot y_1 + \frac{(1-\eta)}{4} \cdot y_2 + \frac{(1+\eta)}{4} \cdot y_3 + \frac{-(1+\eta)}{4} \cdot y_4\right)$$

(4-86)

有了上面表示式，則可以直接拿來進行計算。

$$\left(K_{11}^e\right)_{\ell=1} = \overline{w}_1\left[\left(\frac{\partial \psi_1^e}{\partial x}\frac{\partial \psi_1^e}{\partial x} + \frac{\partial \psi_1^e}{\partial y}\frac{\partial \psi_1^e}{\partial y}\right)|J|\right]_{(\xi,\eta)_1}$$

$$= \left(\frac{25}{81}\right) \cdot \left[\left(\frac{\partial \psi_1^e}{\partial x}\frac{\partial \psi_1^e}{\partial x} + \frac{\partial \psi_1^e}{\partial y}\frac{\partial \psi_1^e}{\partial y}\right)|J|\right]_{\left(-\sqrt{\frac{3}{5}},-\sqrt{\frac{3}{5}}\right)}$$

(4-87)

第五章　含四次微分項問題之解法

前面章節提及的一維和二維問題中，微分項最高均為二次微分。在研究問題中，特別是與結構物變型有關的問題，控制方程式會出現四次微分項，若使用有限元素法來求解，當然會與僅有兩次微分的不同。本章就是在說明如何使用有限元素法來求解含四次微分項這類型的問題。

5.1 樑變形方程式

典型懸臂樑受力（force）和彎矩（bending moment）定義如圖 5-1 所示。x 座標向右為正，位移 w 向上為正，集中力 F_0，分佈（distributed）力 $f(x)$，彎矩 M_0，正值定義如圖所示的方向。作用於樑上面的剪力、彎矩、作用力之關係如圖 5-2 所示。

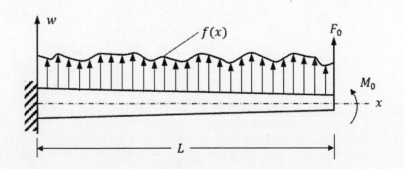

圖 5-1　懸臂樑受外力作用定義圖

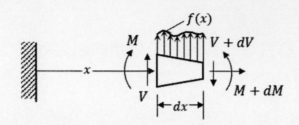

圖 5-2　剪力、彎矩、作用力關係

　　彎矩與位移之關係，剪力與彎矩之關係，以及剪力與外力之關係可分別表示為：

$$M = EI \frac{d^2 w}{dx^2} \tag{5-1}$$

$$V = \frac{dM}{dx} \tag{5-2}$$

$$\frac{dV}{dx} = f(x) \tag{5-3}$$

式中，E 為樑的彈性係數，I 為斷面的轉動慣量。有關（5-1）～（5-3）的由來，可參考本章 5.6 節。

　　利用（5-3）垂直方向力的平衡得到的剪力與外力的關係式（5-3），代入剪力和彎矩之關係式（5-2），再將彎矩代入彎矩與位移關係式（5-1），則可得樑的位移四次微分方程式

$$\frac{d^2}{dx^2}(EI \frac{d^2 w}{dx^2}) = f(x) \ , \ 0 \le x \le L \tag{5-4}$$

若考慮樑為均質與均勻斷面，則 EI 為常數，（5-4）式改寫為

$$EI \frac{d^4 w}{dx^4} = f(x) \ , \quad 0 \le x \le L \tag{5-5}$$

5.2 加權殘差表示式

　　樑的位移方程式使用加權殘差再藉由兩次部份積分，計算在一個元素上成為：

$$\int_{x_e}^{x_{e+1}} \upsilon \cdot \left[\frac{d^2}{dx^2}(EI \frac{d^2 w}{dx^2}) - f \right] dx$$

$$= \int_{x_e}^{x_{e+1}} \left[-\frac{d\upsilon}{dx} \cdot \frac{d}{dx}(EI \frac{d^2 w}{dx^2}) - \upsilon f \right] dx + \left[\upsilon \cdot \frac{d}{dx}(EI \frac{d^2 w}{dx^2}) \right]_{x_e}^{x_{e+1}}$$

$$= \int_{x_e}^{x_{e+1}} \left(EI \frac{d^2 \upsilon}{dx^2} \cdot \frac{d^2 w}{dx^2} - \upsilon f \right) dx + \left[\upsilon \cdot \frac{d}{dx}(EI \frac{d^2 w}{dx^2}) - \frac{d\upsilon}{dx} \cdot EI \frac{d^2 w}{dx^2} \right]_{x_e}^{x_{e+1}} = 0$$

(5-6)

　　由上式部份積分的過程，可以看出第一次部份積分引進

$\left[\frac{d}{dx}(EI \frac{d^2 w}{dx^2}) \right]_{x_e}^{x_{e+1}}$，第二次部份積分則引進 $\left[(EI \frac{d^2 w}{dx^2}) \right]_{x_e}^{x_{e+1}}$。這個觀

察是重要的，在前述僅含兩次微分項的問題求解中，部份積分引進的變數微分型態稱為自然邊界條件，而不微分的變數則稱為必要邊界條件。因此，由（5-6）式可推理得到 $\frac{d}{dx}(EI \frac{d^2 w}{dx^2})$ 和 $EI \frac{d^2 w}{dx^2}$ 為自然邊

界條件，而 $\frac{dw}{dx}$ 和 w 則為必要邊界條件。在此也需要知道必要邊界條

件為利用來建立近似解的基本變數。

　　為了讓後續的求解表示式更為有系統和一致性。對於典型的樑元素上面的變數重新定義，以下參考 Reddy（2005）所使用的符號，樑理論的變數與重新定義變數，對照如圖 5-3 所示。圖中，元素長度 h_e，節點 1 座標 $x = x_e$，節點 2 座標 $x = x_{e+1} = x_e + h_e$。

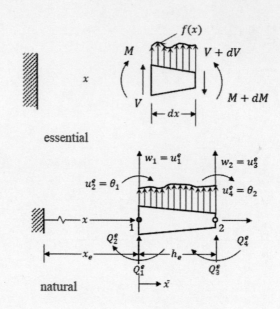

圖 5-3　樑元素變數定義圖

配合使用剪力和彎矩之定義，（5-2）式和（5-1）式

$$Q_1^e = \left[\frac{d}{dx}(b\frac{d^2w}{dx^2}) \right]_{x_e} , Q_2^e = \left(b\frac{d^2w}{dx^2} \right)_{x_e}$$

$$Q_3^e = -\left[\frac{d}{dx}(b\frac{d^2w}{dx^2}) \right]_{x_{e+1}} , Q_4^e = -\left(b\frac{d^2w}{dx^2} \right)_{x_{e+1}}$$

(5-7)

式中，Q_1^e 為節點 1 的剪力，Q_2^e 為節點 1 的彎矩，Q_3^e 為節點 2 的剪力，Q_4^e 為節點 2 的彎矩。留意到 Q3, Q4 與原本理論表示式方向相反，因而加上負號。利用（5-7）之定義，則兩次部份積分式（5-6）可改寫為：

$$\int_{x_e}^{x_{e+1}} \left(\frac{d^2 \upsilon}{dx^2} \cdot b \frac{d^2 w}{dx^2} - \upsilon f \right) dx - \upsilon(x_e) Q_1^e - \left(-\frac{d\upsilon}{dx} \right)\bigg|_{x_e} \cdot Q_2^e$$

$$-\upsilon(x_{e+1}) Q_3^e - \left(-\frac{d\upsilon}{dx} \right)\bigg|_{x_{e+1}} \cdot Q_4^e = 0 \tag{5-8}$$

有了部份積分表示式，接下來需要建立近似解，以及形狀函數。

5.3 樑元素之形狀函數

在建立近似解以及形狀函數之前，先定義符號，如圖 5-3 所示。節點 1 的位移和轉動角度為 $w(x_e) = w_1$ 和 $\theta(x_e) = \theta_1$，而節點 2 的位移和轉動角度為 $w(x_{e+1}) = w_2$ 和 $\theta(x_{e+1}) = \theta_2$。另方面也為了系統化以及一致性，定義 $u_1^e = w(x_e)$、$u_2^e = \left(-\frac{dw}{dx} \right)\big|_{x=x_e}$、$u_3^e = w(x_{e+1})$、

$u_4^e = \left(-\frac{dw}{dx} \right)\big|_{x=x_{e+1}}$。由於一個元素兩個節點，但是每個節點都有兩個條件，兩個節點共四個條件，因此，近似解型態為三次函數，可寫為：

$$w(x) = c_1 + c_2 x + c_3 x^2 + c_4 x^3 \tag{5-9}$$

式中，c_1, c_2, c_3, c_4 為待定係數。利用兩個節點的四個條件（節點上有位移和斜率），則可寫出：

$$u_1^e = w(x_e) = c_1 + c_2 x_e + c_3 x_e^2 + c_4 x_e^3 \tag{5-10}$$

$$u_2^e = \left(-\frac{dw}{dx} \right)\bigg|_{x=x_e} = -c_2 - 2c_3 x_e - 3c_4 x_e^3 \tag{5-11}$$

$$u_3^e = w(x_{e+1}) = c_1 + c_2 x_{e+1} + c_3 x_{e+1}^2 + c_4 x_{e+1}^3 \tag{5-12}$$

$$u_4^e = \left(-\frac{dw}{dx} \right)\bigg|_{x=x_e} = -c_2 - 2c_3 x_{e+1} - 3c_4 x_{e+1}^2 \tag{5-13}$$

（5-10）式~（5-13）式寫成矩陣則為：

$$\begin{Bmatrix} u_1^e \\ u_2^e \\ u_3^e \\ u_4^e \end{Bmatrix} = \begin{bmatrix} 1 & x_e & x_e^2 & x_e^3 \\ 0 & -1 & -2x_e & -3x_e^2 \\ 1 & x_{e+1} & x_{e+1}^2 & x_{e+1}^3 \\ 0 & -1 & -2x_{e+1} & -3x_{e+1}^2 \end{bmatrix} \begin{Bmatrix} c_1 \\ c_2 \\ c_3 \\ c_4 \end{Bmatrix} \tag{5-14}$$

或表示為：

$$\begin{Bmatrix} u_1^e \\ u_2^e \\ u_3^e \\ u_4^e \end{Bmatrix} = [B] \begin{Bmatrix} c_1 \\ c_2 \\ c_3 \\ c_4 \end{Bmatrix} \tag{5-15}$$

式中

$$[B] = \begin{bmatrix} 1 & x_e & x_e^2 & x_e^3 \\ 0 & -1 & -2x_e & -3x_e^2 \\ 1 & x_{e+1} & x_{e+1}^2 & x_{e+1}^3 \\ 0 & -1 & -2x_{e+1} & -3x_{e+1}^2 \end{bmatrix} \tag{5-16}$$

由（5-15）式可得未定係數表示式：

$$\begin{Bmatrix} c_1 \\ c_2 \\ c_3 \\ c_4 \end{Bmatrix} = [B]^{-1} \begin{Bmatrix} u_1^e \\ u_2^e \\ u_3^e \\ u_4^e \end{Bmatrix} \tag{5-17}$$

另方面，近似解（5-9）式可寫為矩陣式

$$w(x) = \begin{Bmatrix} 1 & x & x^2 & x^3 \end{Bmatrix} \begin{Bmatrix} c_1 \\ c_2 \\ c_3 \\ c_4 \end{Bmatrix} \tag{5-18}$$

式中未定係數若代入（5-17）式，則可得：

$$w(x) = \begin{Bmatrix} 1 & x & x^2 & x^3 \end{Bmatrix} [B]^{-1} \begin{Bmatrix} u_1^e \\ u_2^e \\ u_3^e \\ u_4^e \end{Bmatrix} \tag{5-19}$$

上式等號右邊前兩項可以配合（5-16）式相乘得到表示式。留意到，（5-19）式為表示在一個元素上，若位移 $w^e(x)$ 利用形狀函數表出可以寫為：

$$w^e(x) = \phi_1^e u_1^e + \phi_2^e u_2^e + \phi_3^e u_3^e + \phi_4^e u_4^e = \sum_{j=1}^{4} \phi_j^e u_j^e \tag{5-20}$$

對照（5-19）式和（5-20）式可得樑元素的形狀函數：

$$\phi_1^e = 1 - 3\left(\frac{x - x_e}{h_e}\right)^3 \tag{5-21a}$$

$$\phi_2^e = -(x - x_e)\left(1 - \frac{x - x_e}{h_e}\right)^2 \tag{5-21b}$$

$$\phi_3^e = 3\left(\frac{x - x_e}{h_e}\right)^2 - 2\left(\frac{x - x_e}{h_e}\right)^3 \tag{5-21c}$$

$$\phi_4^e = -(x - x_e)\left[\left(\frac{x - x_e}{h_e}\right)^2 - \frac{x - x_e}{h_e}\right]^2 \tag{5-21d}$$

上述利用兩個節點四個條件建立得到的形狀函數也稱為 Hermite 三次（cubic）內插函數。（5-21）式若重新定義座標 $0 \le \bar{x} \le h_e$，則節點 1 座標 $\bar{x} = 0$，節點 2 座標 $\bar{x} = h_e$，則（5-21）式形狀函數可另表出為：

$$\phi_1^e = 1 - 3\left(\frac{\bar{x}}{h_e}\right)^2 + 2\left(\frac{\bar{x}}{h_e}\right)^3 \tag{5-22a}$$

$$\phi_2^e = -\bar{x}\left(1 - \frac{\bar{x}}{h_e}\right)^2 \tag{5-22b}$$

$$\phi_3^e = 3\left(\frac{\bar{x}}{h_e}\right)^2 - 2\left(\frac{\bar{x}}{h_e}\right)^3 \tag{5-22c}$$

$$\phi_4^e = -\bar{x}\left[\left(\frac{\bar{x}}{h_e}\right)^2 - \frac{\bar{x}}{h_e}\right] \tag{5-22d}$$

有了形狀函數表示式，其一次微分表示式可以表出為：

$$\frac{d\phi_1^e}{d\overline{x}} = -3\frac{6}{h_e}\frac{\overline{x}}{h_e}\left(1-\frac{\overline{x}}{h_e}\right), \quad \frac{d\phi_2^e}{d\overline{x}} = -\left[1+3\left(\frac{\overline{x}}{h_e}\right)^2 - 4\frac{\overline{x}}{h_e}\right] \quad (5\text{-}23a)$$

$$\frac{d\phi_3^e}{d\overline{x}} = -\frac{d\phi_1^e}{d\overline{x}}, \quad \frac{d\phi_4^e}{d\overline{x}} = -\frac{\overline{x}}{h_e}\left(3\frac{\overline{x}}{h_e}-2\right) \quad (5\text{-}23b)$$

二次微分表示式可以表出為：

$$\frac{d^2\phi_1^e}{d\overline{x}^2} = -\frac{6}{h_e^2}\left(1-2\frac{\overline{x}}{h_e}\right), \quad \frac{d^2\phi_2^e}{d\overline{x}^2} = -\frac{2}{h_e}\left(3\frac{\overline{x}}{h_e}-2\right) \quad (5\text{-}24a)$$

$$\frac{d^2\phi_3^e}{d\overline{x}^2} = -\frac{d^2\phi_1^e}{d\overline{x}^2}, \quad \frac{d^2\phi_4^e}{d\overline{x}^2} = -\frac{2}{h_e}\left(3\frac{\overline{x}}{h_e}-1\right) \quad (5\text{-}24b)$$

三次微分表示式可以表出為：

$$\frac{d^3\phi_3^e}{d\overline{x}^3} = \frac{12}{h_e^3}, \quad \frac{d^3\phi_2^e}{d\overline{x}^3} = -\frac{6}{h_e^2} \quad (5\text{-}25a)$$

$$\frac{d^3\phi_3^e}{d\overline{x}^3} = -\frac{12}{h_e^3}, \quad \frac{d^3\phi_4^e}{d\overline{x}^3} = -\frac{6}{h_e^2} \quad (5\text{-}25b)$$

值得留意的，形狀函數（5-22）式也可以檢視其滿足形狀函數在元素節點上的特性。函數圖形畫出則如圖 5-4 所示。

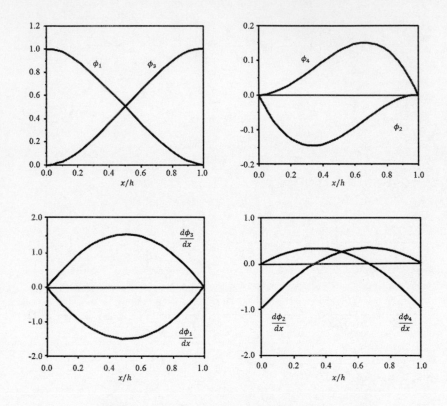

圖 5-4　Hermite 三次內插函數和微分式圖形

利用（5-20）式表示式配合形狀函數特性，（5-10）式~（5-13）式滿足的條件，以及圖形 5-4 可以了解形狀函數（5-21）式滿足的特性。在節點 1，形狀函數 ϕ_1^e 的值為 1，其餘的形狀函數的值皆為零。

$$\phi_1^e(x_e)=1, \qquad \phi_i^e(x_e)=0 \qquad (i=2,3,4) \tag{5-26a}$$

在節點 2，形狀函數 ϕ_3^e 的值為 1，其餘的形狀函數的值皆為零。

$$\phi_3^e(x_{e+1})=1 \qquad \phi_i^e(x_{e+1})=0, \quad (i=1,2,4) \tag{5-26b}$$

在節點 1，形狀函數 $-(\dfrac{d\phi_2^e}{dx})$ 的值為 1，其餘的形狀函數的微分值皆為零。

$$-(\dfrac{d\phi_2^e}{dx})\bigg|_{x_e}=1, \quad -(\dfrac{d\phi_i^e}{dx})\bigg|_{x_e}=0, \quad (i=1,3,4) \qquad (5\text{-}26c)$$

在節點 2，形狀函數 $-(\dfrac{d\phi_4^e}{dx})$ 的值為 1，其餘的形狀函數的微分值皆為零。

$$-(\dfrac{d\phi_4^e}{dx})\bigg|_{x_e+1}=1, \quad -(\dfrac{d\phi_i^e}{dx})\bigg|_{x_e+1}=0, \quad (i=1,2,3) \qquad (5\text{-}26c)$$

有了形狀函數則加權殘差部份積分式就可以再進一步得到計算需要的式子。

5.4 Galerkin 有限素矩陣式

對於加權殘差部份積分式（5-8）可以使用 Galerkin 作法，利用形狀函數直接取代加權函數，另加上形狀函數特性 $\phi_1(x_e)=1$，$\phi_3(x_e)=1$，$\left(-\dfrac{d\phi_2}{dx}\right)\bigg|_{x_e}=1$，$\left(-\dfrac{d\phi_4}{dx}\right)\bigg|_{x_{e+1}}=1$ 則可得：

$$\sum_{j=1}^{4}\left(\int_{x_e}^{x_{e+1}} b\,\dfrac{d^2\phi_i^e}{dx^2}\dfrac{d^2\phi_j^e}{dx^2}\,dx\right)u_j^e=\int_{x_e}^{x_{e+1}}\phi_i^e\,f\,dx+Q_i^e, \quad i=1,2,3,4 \quad (5\text{-}27)$$

或定義為：

$$\sum_{j=1}^{4} K_{ij}^e u_j^e = F_i^e, \quad i = 1, 2, 3, 4 \tag{5-28}$$

式中

$$K_{ij}^e = \int_{x_e}^{x_{e+1}} b \frac{d^2\phi_i^e}{dx^2} \frac{d^2\phi_j^e}{dx^2} dx \tag{5-29}$$

$$F_i^e = \int_{x_e}^{x_{e+1}} \phi_i^e f dx - Q_i^e \tag{5-30}$$

（5-27）式展開寫成矩陣式則為：

$$\begin{bmatrix} K_{11}^e & K_{12}^e & K_{13}^e & K_{14}^e \\ K_{21}^e & K_{22}^e & K_{23}^e & K_{24}^e \\ K_{31}^e & K_{32}^e & K_{33}^e & K_{34}^e \\ K_{41}^e & K_{42}^e & K_{43}^e & K_{44}^e \end{bmatrix} \begin{Bmatrix} u_1^e \\ u_2^e \\ u_3^e \\ u_4^e \end{Bmatrix} = \begin{Bmatrix} f_1^e \\ f_2^e \\ f_3^e \\ f_4^e \end{Bmatrix} + \begin{Bmatrix} Q_1^e \\ Q_2^e \\ Q_3^e \\ Q_4^e \end{Bmatrix} \tag{5-31}$$

樑問題中，一個元素的矩陣式為（5-31）式所示，要得到整個樑的矩陣式則需要把所切割選取的元素全部組合（assemble）起來。然後再配合問題的邊界條件代入矩陣式，最後做矩陣求解。以下則以懸臂樑取兩個元素做例子說明計算過程。

5.5 樑問題計算例

考慮懸臂樑，如圖 5-5 所示。樑為均質且均勻斷面，長度 L，樑上受均勻分佈力 f_0，端點則受集中力 F_0 和彎矩 M_0。

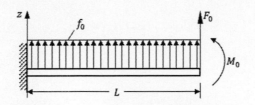

圖 5-5　懸臂樑受力計算示意圖

　　為容易說明數值計算過程，懸臂樑僅取兩個等長元素，元素長度 h，即 $h = L / 2$。利用（5-29）式和（5-30）式，則元素的勁度和外力矩陣可以表出為

$$[K^e] = \frac{2b}{h^3} \begin{bmatrix} 6 & -3h & -6 & -3h \\ -3h & 2h^2 & 3h & h^2 \\ -6 & 3h & 6 & 3h \\ -3h & h^2 & 3h & 2h^2 \end{bmatrix} \quad (b = EI = \text{constant}) \quad (5\text{-}32)$$

$$\{F^e\} = \frac{f_0 h}{12} \begin{Bmatrix} 6 \\ -h \\ 6 \\ h \end{Bmatrix} + \begin{Bmatrix} Q_1^e \\ Q_2^e \\ Q_3^e \\ Q_4^e \end{Bmatrix} \quad (f_0 = \text{constant}) \quad (5\text{-}33)$$

由於兩個元素長度相同，且均勻分佈外力相同，因此，勁度和外力矩陣也相同。

　　接下來則為將兩個元素的勁度和外力矩陣組合成為整個問題的勁度和外力矩陣。為說明清楚和方便起見，元素節點變數如圖 5-6 所示。元素有兩個節點，節點必要變數為 u_i^e，自然變數則為 Q_i^e，右上標代表元素個數，右下標代表第 i 個自由度。

u_1^1
u_2^1
Q_2^1
Q_1^1
Element 1
u_3^1
u_4^1
Q_4^1
Q_3^1
u_1^2
u_2^2
Q_2^2
Q_1^2
Element 2
u_3^2
u_4^2
Q_4^2
Q_3^2

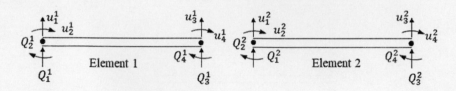

圖 5-6　樑兩個元素節點變數定義圖

整個問題節點變數則定義如圖 5-7 所示。整個問題共 3 個節點，U_i 代表節點的變數。由圖 5-6 和圖 5-7 來看，可知元素變數和整個問題變數間的關係。

$$u_1^1 = U_1, \qquad u_2^1 = U_2 \tag{5-34a}$$

$$u_3^1 = u_1^2 = U_3, \qquad u_4^1 = u_2^2 = U_4 \tag{5-34b}$$

$$u_3^2 = U_5, \qquad u_4^2 = U_6 \tag{5-34c}$$

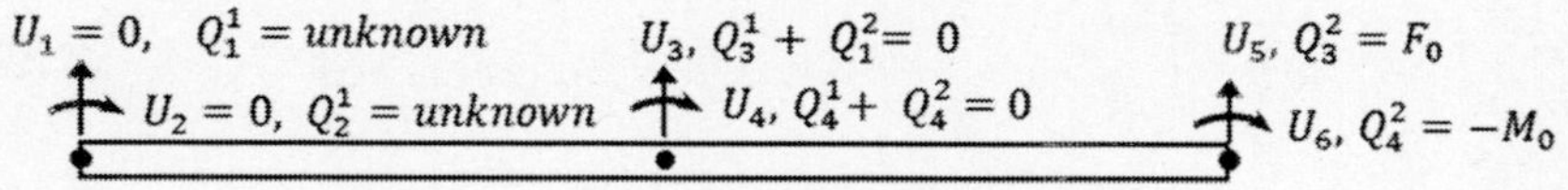

$U_1 = 0,\ \ Q_1^1 = unknown$
$U_2 = 0,\ \ Q_2^1 = unknown$
$U_3,\ Q_3^1 + Q_1^2 = 0$
$U_4,\ Q_4^1 + Q_4^2 = 0$
$U_5,\ Q_3^2 = F_0$
$U_6,\ Q_4^2 = -M_0$

圖 5-7　樑整個問題節點變數定義圖

元素的矩陣方程式如（5-31）所示，配合整個問題節點相同勁度係數加在一起的概念，則兩個元素相加勁度矩陣可得：

$$[K]=\begin{bmatrix} K_{11}^1 & K_{12}^1 & K_{13}^1 & K_{14}^1 & & \\ K_{21}^e & K_{22}^1 & K_{23}^1 & K_{24}^1 & & \\ K_{31}^1 & K_{32}^1 & K_{33}^1+K_{11}^2 & K_{34}^1+K_{12}^2 & K_{13}^2 & K_{14}^2 \\ K_{41}^1 & K_{42}^1 & K_{43}^1+K_{21}^2 & K_{44}^1+K_{22}^2 & K_{23}^2 & K_{24}^2 \\ & & K_{31}^2 & K_{32}^2 & K_{33}^2 & K_{34}^2 \\ & & K_{41}^2 & K_{42}^2 & K_{43}^2 & K_{44}^2 \end{bmatrix} \tag{5-35}$$

留意到 $K_{33} = K_{33}^1 + K_{11}^2$，$K_{34} = K_{34}^1 + K_{12}^2$，$K_{43} = K_{43}^1 + K_{21}^2$，$K_{44} = K_{44}^1 + K_{22}^2$。同樣的，兩個元素的外力項加在一起，可得：

$$\{F\} = \begin{Bmatrix} F_1^1 \\ F_2^1 \\ F_3^1 + F_1^2 \\ F_4^1 + F_2^2 \\ F_3^2 \\ F_4^2 \end{Bmatrix} \tag{5-36}$$

若將（5-32）式和（5-33）式均質材料和斷面，元素長度相等的表示式代入（5-35）式和（5-36）式，則整個問題的矩陣方程式成為：

$$\frac{2EI}{h^3} \begin{bmatrix} 6 & -3h & -6 & -3h & 0 & 0 \\ -3h & 2h^2 & 3h & h^2 & 0 & 0 \\ -6 & 3h & 6+6 & 3h-3h & -6 & -3h \\ -3h & h^2 & 3h-3h & 2h^2+2h^2 & 3h & h^2 \\ 0 & 0 & -6 & 3h & 6 & 3h \\ 0 & 0 & -3h & h^2 & 3h & 2h^2 \end{bmatrix} \begin{Bmatrix} U_1 \\ U_2 \\ U_3 \\ U_4 \\ U_5 \\ U_6 \end{Bmatrix} = \frac{fh}{12} \begin{Bmatrix} 6 \\ -h \\ 6+6 \\ h-h \\ 6 \\ h \end{Bmatrix} + \begin{Bmatrix} Q_1^1 \\ Q_2^1 \\ Q_3^1 + Q_1^2 \\ Q_4^1 + Q_2^2 \\ Q_3^2 \\ Q_4^2 \end{Bmatrix} \tag{5-37}$$

上式之求解仍然需要配合給定問題的條件進行調整。由於在第 2 節點上沒有集中外力或彎矩，因此

$$Q_3^1 + Q_1^2 = 0，\quad Q_4^1 + Q_2^2 = 0 \tag{5-38}$$

另外，懸臂樑在 x=0 位置為固定，因此，

$$U_1 = 0，\quad U_2 = 0 \tag{5-39}$$

而在懸臂端 x=L 位置有集中力和彎矩作用，如圖 5-5 所示。因此，

$$Q_3^2 = -\left[\frac{d}{dx}\left(EI\frac{d^2w}{dx^2}\right)\right]\Bigg|_{x=L} = F_0 \tag{5-40a}$$

$$Q_4^2 = -\left(-\left(\frac{d^2w}{dx^2}\right)\right)\Bigg|_{x=L} = -M_0 \tag{5-40b}$$代入（5-38）式~（5-40）

式，則（5-37）式可寫為：

$$\frac{2EI}{h^3}\begin{bmatrix} 6 & -3h & -6 & -3h & 0 & 0 \\ -3h & 2h^2 & 3h & h^2 & 0 & 0 \\ -6 & 3h & 6+6 & 3h-3h & -6 & -3h \\ -3h & h^2 & 3h-3h & 2h^2+2h^2 & 3h & h^2 \\ 0 & 0 & -6 & 3h & 6 & 3h \\ 0 & 0 & -3h & h^2 & 3h & 2h^2 \end{bmatrix}\begin{Bmatrix} U_1=0 \\ U_2=0 \\ U_3 \\ U_4 \\ U_5 \\ U_6 \end{Bmatrix} = \frac{fh}{12}\begin{Bmatrix} 6 \\ -h \\ 12 \\ 0 \\ 6 \\ h \end{Bmatrix} + \begin{Bmatrix} Q_1^1 \\ Q_2^1 \\ 0 \\ 0 \\ F_0 \\ -M_0 \end{Bmatrix} \tag{5-41}$$

上式可觀察對應的等號左邊和右邊已知和未知的關係。在實際之計算上，（5-41）式分割改寫為：

$$\frac{2EI}{h^3}\begin{bmatrix} 12 & 0 & -6 & -3h \\ 0 & 4h^2 & 3h & h^2 \\ -6 & 3h & 6 & 3h \\ -3h & h^2 & 3h & 2h^2 \end{bmatrix}\begin{Bmatrix} U_3 \\ U_4 \\ U_5 \\ U_6 \end{Bmatrix} = \begin{Bmatrix} f_0h \\ 0 \\ \dfrac{1}{2}f_0h + F_0 \\ \dfrac{1}{12}f_0h^2 - M_0 \end{Bmatrix} \tag{5-42}$$

上式求解之結果為：

$$\begin{Bmatrix} U_3 \\ U_4 \\ U_5 \\ U_6 \end{Bmatrix} = \frac{h^3}{2EI}\begin{bmatrix} 12 & 0 & -6 & -3h \\ 0 & 4h^2 & 3h & h^2 \\ -6 & 3h & 6 & 3h \\ -3h & h^2 & 3h & 2h^2 \end{bmatrix}^{-1}\begin{Bmatrix} f_0h \\ 0 \\ \dfrac{1}{2}f_0h + F_0 \\ \dfrac{1}{12}f_0h^2 - M_0 \end{Bmatrix} \tag{5-43}$$

最後得到：

$$\begin{Bmatrix} U_3 \\ U_4 \\ U_5 \\ U_6 \end{Bmatrix} = \frac{h}{6EI} \begin{Bmatrix} 5h^2 F_0 + 3hM_0 + \frac{17}{4} f_0 h^3 \\ -9hF_0 - 6M_0 - 7f_0 h^2 \\ 16h^2 F_0 + 12hM_0 + 12f_0 h^3 \\ -12hF_0 - 12M_0 - 8f_0 h^2 \end{Bmatrix} \tag{5-44}$$

計算得到（5-44）式後，可藉以計算（5-41）式中的未知函數。

$$\begin{Bmatrix} Q_1^1 \\ Q_2^1 \end{Bmatrix} = \frac{2EI}{h^3} \begin{bmatrix} -6 & -3h & 0 & 0 \\ 3h & h^2 & 0 & 0 \end{bmatrix} \begin{Bmatrix} U_3 \\ U_4 \\ U_5 \\ U_6 \end{Bmatrix} - \frac{f_0 h}{12} \begin{Bmatrix} 6 \\ -h \end{Bmatrix} \tag{5-45}$$

$$= \begin{Bmatrix} -(F_0 + 2f_0 h) \\ 2h(F_0 + f_0 h) + M_0 \end{Bmatrix}$$

由（5-45）式可知，

$$Q_1^1 = -(F_0 + 2f_0 h) \tag{5-46a}$$

$$Q_2^1 = 2F_0 h + 2f_0 h^2 + M_0 \tag{5-46b}$$

（5-46）式代表懸臂樑固定端的反力，剪力和彎矩。這個結果也可以利用元素上的節點值配合形狀函數，再由剪力和彎矩的定義來計算。由前述表示式

$$Q_1^1 = \frac{d}{dx}\left(EI \frac{d^2 w}{dx^2} \right)\bigg|_{x=0}, \quad Q_2^1 = \left(EI \frac{d^2 w}{dx^2} \right)\bigg|_{x=0} \tag{5-47}$$

式中，位移 w 可利用（5-20）式和形狀函數（5-21）式表出，而節點

的值則利用（5-44），同時配合（5-34）元素節點值與整個問題節點值
的對應，來計算。

$$Q_1^1 = \frac{d}{dx}\left(EI \frac{d^2w}{dx^2} \right)\Bigg|_{x=0} = EI\left(\frac{d^3w}{dx^3} \right)\Bigg|_{x=0}$$

$$= EI\left(\frac{d^3\phi_3^1}{dx^3}U_3 + \frac{d^3\phi_4^1}{dx^3}U_4 \right)\Bigg|_{x=0} \qquad (5\text{-}48)$$

$$= EI\left[(-\frac{12}{h^3})U_3 + (-\frac{12}{h^3})U_4 \right] = -(F_0 + \frac{3}{2}f_0h)$$

同樣的，

$$Q_2^1 = EI\left(-\frac{6}{h^2}U_3 + \frac{2}{h}U_4 \right) = (M_0 + 2F_0h + \frac{23}{12}f_0h^2) \qquad (5\text{-}49)$$

以上完成樑有限元素法計算式的說明，以及使用兩個元素的理論
計算例。以下則彙整樑的位移方程式來源和說明，對於基本式子的了
解將有助於對於有限元素法的實際計算。

5.6 樑位移方程式相關基本概念

【樑之曲率（curvature）】

樑受力變形產生之應力和應變，應直接和樑之彎曲，即變位曲線
之曲率有關。因此，推導由此定義開始，如圖 5-8 所示，樑受外力作
用彎曲如(b)圖，則變位曲線上兩點 m_1 和 m_2，其正向線交於 O'點，稱
為曲率中心（Center of Curvature），而由變位曲線到曲率中心之距離
m_1O' 稱為曲率半徑（radius of Curvature）ρ，而曲率 κ 為曲率半徑之
倒數。

$$\kappa = \frac{1}{\rho} \tag{5-50}$$

另由圖 m_1 到 m_2 曲線長為 $ds = \rho d\theta$ ，則由（5-50）式可得：

$$\kappa = \frac{d\theta}{ds} \tag{5-51}$$

一般樑之變位比起樑之長度很小，即 $ds \simeq dx$ ，（5-51）式成為：

$$\kappa = \frac{1}{\rho} = \frac{d\theta}{dx} \tag{5-52}$$

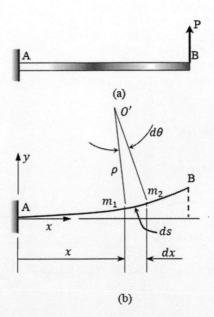

圖 5-8　樑彎曲定義圖

在曲率正負號之定義上，當樑向上彎曲時，曲率為正，如圖 5-9(a)，反之，樑向下彎曲時，曲率為負，如圖 5-9(b)所示。

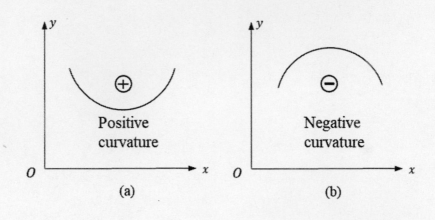

圖 5-9　曲率正負號之定義

【樑在軸向上之應變】

　　考慮如圖 5-10 所示，樑受正的彎矩作用，樑長軸在 x 軸，斷面對 y 軸對稱，由圖可知，樑產生正的曲率，而樑產生變形時，假設斷面 mn 和 pq 均保持平面。

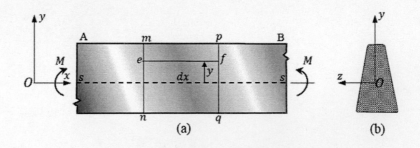

圖 5-10　樑受彎矩作用示意圖

由圖 5-11 可知，樑之下方受張力伸長，而上方受壓縮力縮短，而不伸長不縮短之 ss 稱為 neutral surface，其與 xy 平面之交線稱為 neutral axis（中心軸）。斷面 nm 和 qp 之延伸線交於曲率中心 O'，其夾角 dθ，O' 到中心軸 ss 之距離為曲率半徑 ρ，兩斷面之間在中心軸位置沒有

伸長或縮短，dx＝ρ dθ，但在中心軸以上則縮短，而中心軸以下伸長
即有正向應變（normal strain）產生。

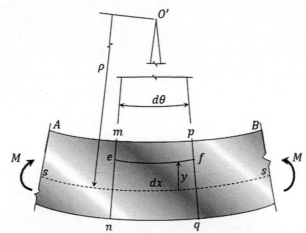

圖 5-11　樑受彎矩作用變形示意圖

在計算軸向正向應變上，考慮圖 5-11，y 位置之軸線 ef，其長度為 L_1。

$$L_1 = (\rho - y)d\theta = dx - \frac{y}{\rho}dx \tag{5-53}$$

伸長量和應變分別為：

$$\delta = L_1 - dx = -\frac{y}{\rho}dx \tag{5-54}$$

$$\varsigma_x = \frac{\delta}{dx} = -\frac{y}{\rho} = -\kappa y \tag{5-55}$$

由（5-55）式之結果可知，在正的彎矩作用下，中心軸以上（＋y），
軸線縮短，應變為負，而中心軸以下（－y），軸線伸長，應變為正。
同時，應變在 y 軸之分佈為線性。

【樑的正向應力（線性、彈性材料）】

若考慮線性彈性材料，則樑受彎矩作用產生軸向上之正向應力為：

$$\delta_x = E \cdot \varsigma_x = \frac{\delta}{dx} = -E \cdot \frac{y}{\rho} = -E \cdot \kappa y \tag{5-56}$$

由（5-56）式知，正向應力之分佈為由中心軸起對 y 軸呈線性變化，如圖 5-12 所示，在正的彎矩作用下，中心軸以上為壓應力，而中心軸以下為張應力。

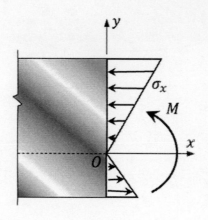

圖 5-12　正向應力分佈圖

由斷面上之應力，（5-56）式，①由力的平衡式得到之關係式可藉以計算中心軸位置，②由力矩之平衡式得到力矩 M 和曲率 κ 之關係，進而得到彎矩 M 和正向應力 σ_x 之關係式。由圖 5-13，考慮 y 位置之微小面積 dA，其上之作用力 $dF = \sigma_x dA$，由於整個斷面上無其他水平力作用，因此，

$$F = \int dF = \int_A \sigma_x dA = -EK \int_A y dA = 0 \tag{5-57}$$

即：

$$\int_A y\,dA = 0 \tag{5-58}$$

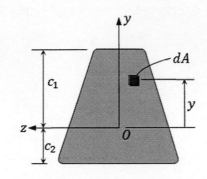

圖 5-13　正向應力計算力和彎矩定義圖

（5-58）式表示斷面積對 z 軸之一次力矩為零，意即中心軸通過形心位置，此式可用以計算中心軸位置。又由圖 5-13，y 位置之微小面積 dA，其上作用力對 z 軸之力矩為　$dM = -\sigma_x\,y\,dA$（取負號之原因為正的應力產生負的變矩），而整個斷面上之彎矩等於外力之變矩 M，因此，

$$M = -\int \sigma_x y\,dA = \int_A E\kappa y^2 dA = E\kappa \int_A y^2 dA \tag{5-59}$$

或寫為：

$$M = E\kappa I \tag{5-60}$$

其中：

$$I = \int_A y^2 dA \tag{5-61}$$

其中 I 為斷面對 z 軸之二次力矩，或慣性力矩（moment of inertia）。

【剪力（Shear）與彎矩（Bending Moment）】

考慮間隔 dx 樑兩斷面間之力的作用，如圖 5-14 所示，樑受均勻分佈外力 q 作用。則由 y 方向力的平衡可得：

$$V - (V + dV) - qdx = 0 \tag{5-62}$$

或整理得到：

$$\frac{dV}{dx} = -q \tag{5-63}$$

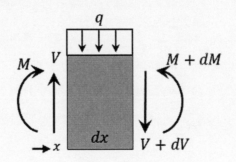

圖 5-14　剪力和彎矩定義圖

由（5-63）可知，剪力之斜率等於-q，若 $q = 0$，則 V＝常數，而若 q 為常數，如均佈載重，則 V 之斜率為常數。另由（5-63）式積分：

$$\int_A^B dV = -\int_{x_A}^{x_B} qdx \tag{5-64}$$

表示 $V_B - V_A = -$（載重圖之面積），意即剪力之變化等於分佈載重圖面積之負值。需注意者，此結果為對分佈載重才適用。

若對圖 5-14 中左側斷面計算力矩平衡，ΣM 左＝0，可得：

$$-M-(V+dV)dx+(M+dM)-qdx\frac{dx}{2}=0 \tag{5-65}$$

忽略二次相乘項，可得：

$$\frac{dM}{dx}=V \tag{5-66}$$

意即彎矩之微分等於剪力。使用（5-66）式對兩斷面積分：

$$\int_A^B dM=\int_A^B Vdx \tag{5-67}$$

或表示為：

$$M_B-M_A=\int_A^B Vdx \tag{5-68}$$

意即彎矩之變化量等於剪力分佈圖之面積。

利用剪力表示式（5-66）式代入（5-63）式可得：

$$\frac{d^2M}{dx^2}=-q \tag{5-69}$$

另由彎矩定義（5-60）式：

$$M=E\kappa I=EI\frac{d\theta}{dx}=EI\frac{d}{dx}\left(\frac{dU}{dx}\right)=EI\frac{d^2U}{dx^2} \tag{5-70}$$

式中，曲率由（5-52）式定義，再配合角度為位移的微分的定義。（5-70）式代入（5-69）則可得樑的位移方程式。

$$\frac{d^2}{dx^2}\left(EI\frac{d^2U}{dx^2}\right)=-q \tag{5-71}$$

若考慮均質和均勻斷面則上式寫為：

$$EI\frac{d^4U}{dx^4} = -q \qquad\qquad (5\text{-}72)$$

第六章　時間領域問題的處理
（Time-Dependent Problem）

　　對於有限元素法的介紹，本書仿照一般的作法，先介紹橢圓型態的微分方程式解法，即不含時間微分項的問題，在這一章則介紹含有時間微分項的問題。

6.1　一維拋物線型態熱傳遞問題

　　一維拋物線型態熱傳遞問題微分方程式可寫為：

$$c\frac{\partial u}{\partial t} - \frac{\partial}{\partial x}\left[k\frac{\partial u}{\partial x}\right] = f(x,t) \tag{6-1}$$

其中，c, k 為係數。對應的起始條件和邊界條件分別為：

$$u(x,0) = \hat{u}(x) \tag{6-2}$$

$$u(0,t) = u(\ell,t) = 0 \tag{6-3}$$

對於上述含有時間變化的邊界值問題，（6-1）式含有空間 x 和時間 t 函數，一般為先使用有限元素法處理空間的函數，至於時間函數微分項，則一般則採用有限差分法（Finite Difference Method）處理。值得一提的，有限元素法僅提供對於空間函數微分式的處理。同樣對於微分式的求解，時間領域的有限元素法開發，或許未來研究方向會有所著墨。

6.2 有限元素表示式

有限元素法的 Galerkin 加權殘差式可以寫出為：

$$\int_0^\ell c\frac{\partial u}{\partial t}vdx - \int_0^\ell \frac{\partial}{\partial x}\left(k\frac{\partial u}{\partial x}\right)vdx = \int_0^\ell f(x,t)vdx \tag{6-4}$$

式中，v 為加權函數。（6-4）式二次微分項降階可得到的弱滿足表示式為：

$$\int_0^\ell c\frac{\partial u}{\partial t}vdx + \int_0^\ell k\frac{\partial u}{\partial x}\frac{\partial v}{\partial x}dx = \int_0^\ell f(x,t)vdx + k\frac{\partial u}{\partial x}v\Big|_0^\ell \tag{6-5}$$

所求解函數利用形狀函數表出為：

$$u = \sum \phi_j u_j \tag{6-6}$$

其中，ϕ_j 為形狀函數，u_j 為節點上的函數值。使用 Galerkin 作法，直接以形狀函數代換加權函數，同時將（6-6）代入（6-5）得到：

$$\sum_j \int_0^\ell c\cdot\phi_j\phi_i dx\cdot\dot{u}_j + \sum_j \int_0^\ell k\frac{\partial\phi_j}{\partial x}\frac{\partial\phi_i}{\partial x}dx\cdot u_j$$
$$= \int_0^\ell f(x,t)\phi_i dx + k\frac{\partial u}{\partial x}\phi_i\Big|_0^\ell \tag{6-7}$$

上是可以寫出元素的矩陣式為：

$$[c]\{\dot{u}\}^e + [k]\{u\}^e = \{f\}^e \tag{6-8}$$

或寫出為整個問題的矩陣式：

$$[C]\{\dot{u}\}+[K]\{u\}=\{f\} \tag{6-9}$$

至此，問題空間領域已經利用有限元素法處理完成。以時間領域的觀點來看，則（6-9）式為時間的一次常微分矩陣式。同理，雙曲線型態的 wave equation 利用有限元素法，則可以改寫為：

$$[M]\{\ddot{u}\}+[K]\{u\}=\{f\} \tag{6-10}$$

（6-9）式和（6-10）式中，相對於位移、速度、加速度項的係數矩陣則分別稱為勁度、阻尼、質量係數矩陣。對於這類問題的進一步處理，若要找到相關的文獻資料，在結構學領域，可以搜尋動力分析（dynamic analysis）相關的作法，而在其他領域則可往時間領域（time domain）做關鍵詞上網蒐集。

6.3 時間的差分法

對於含有時間微分項的有限差分法數值處理，以（6-9）式的一次微分項為例，一般有所謂的顯示法（explicit method）和隱示法（implicit method）兩種。以下則對於這兩種方法的基本概念作說明。

首先定義時間軸的間距，把時間座標軸表示成間距 Δt。現在已知 u^t，和下一個 Δt 時間的 $u^{t+\Delta t}$ 值，如圖 6-1 所示。

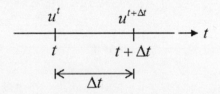

圖 6-1　時間座標軸上間距的定義

一次微分項寫成差分式一般表示為：

$$\dot{u} = \frac{u^{t+\Delta t} - u^t}{\Delta t} \tag{6-11}$$

然而對於所要求解的問題而言，微分式寫成差分式應該需要有一個依據。若使用顯示法，則把微分式寫在已知的現在時間點上，則：

$$\left\{ C\dot{u} + Ku = f \right\}^t \tag{6-12}$$

即整個式子寫在時間 t 上，

$$C\dot{u}^t + Ku^t = f^t \tag{6-13}$$

時間微分項寫為差分表示式則成為：

$$C\frac{u^{t+\Delta t} - u^t}{\Delta t} + Ku^t = f^t \tag{6-14}$$

上式中時間差分式為前向差分（forward difference），主要的想法就是把要求解的變數藉由差分表示式引進來。（6-14）式可整理為：

$$\frac{C}{\Delta t}u^{t+\Delta t} = f^t - Ku^t + \frac{C}{\Delta t} \cdot u^t \tag{6-15}$$

或表示為：

$$u^{t+\Delta t} = u^t + \frac{\Delta t}{C}\left(f^t - Ku^t \right) \tag{6-16}$$

（6-15）式和（6-16）式在寫法上，就是把未知的變數留在等號左邊，而已知的則放到等號右邊，藉以建立求解的矩陣式。而由式子也可以觀察得到，等號右邊均為時間 t 的已知值，因此可以直接計算得到 $u^{t+\Delta t}$，不需要求解矩陣。

　　至於使用隱示法（implicit method）求解問題，則把要處理的微分式寫在未知的 $t + \Delta t$ 時間點，可得：

$$\{C\dot{u} + Ku = f\}^{t+\Delta t} \tag{6-17}$$

或表示為：

$$C\dot{u}^{t+\Delta t} + Ku^{t+\Delta t} = f^{t+\Delta t} \tag{6-18}$$

（6-18）式的時間微分項寫成差分式，

$$C\frac{u^{t+\Delta t} - u^t}{\Delta t} + Ku^{t+\Delta t} = f^{t+\Delta t} \tag{6-19}$$

在此，微分式寫成差分式，仍然以引進已知時間的函數值為考量完成表示式。所得到的表示式成為以 $t + \Delta t$ 來看 t，因此稱為後向差分（backward difference）。（6-19）式等號右邊外力為已知，可整理為：

$$(\frac{C}{\Delta t} + K)u^{t+\Delta t} = f^{t+\Delta t} + \frac{C}{\Delta t} \cdot u^t \tag{6-20}$$

或另表出為：

$$u^{t+\Delta t} = \frac{\frac{C}{\Delta t}}{(\frac{C}{\Delta t} + K)} \cdot u^t + \frac{f^{t+\Delta t}}{(\frac{C}{\Delta t} + K)} \tag{6-21}$$

由上式可以觀察得到，等號右邊除了有時間 t 的已知值外，還有 $t + \Delta t$

時間的外力項 $f^{t+\Delta t}$，因此在計算上，一般需要先利用 $\tilde{f}^{t+\Delta t}$ 近似值作計算，然後藉由多次疊代（iteration）收斂得到 $u^{t+\Delta t}$。這一點是隱示法與顯示法最大的不同。

　　以上為對顯示法和隱示法的基本概念作說明。時間差分的計算，還牽涉到數值方法的穩定性（stability）以及收斂性問題，其與時間間距 Δt 大小有關。這裡另外一提的，為時間間距 Δt 的大小的概念。以顯示法而言，方法上為由已知的現在計算未知的時間點，因此可以理解到，時間間距 Δt 越小越可以得到正確的結果。但是如果 Δt 太大，也可以理解到計算出來的結果將會不正確，畢竟差分的作法僅僅是一種近似作法。而介於 Δt 很小和太大之間，在實際理論分析上，可以定義出一個最大的 Δt 值，讓數值計算的結果保證正確，也就是所謂的數值收斂。至於隱示法，由於計算上選定一個 Δt 值作計算都需要有疊代的過程，因此，可以理解的，這個時間間距應該沒有所謂的限制，所以也有所謂的無條件的穩定（unconditional stability）。當然在實際的物理現象上，本來一個階段轉到另一個階段也是有時程的，因此，隱示法計算的時間間距需要反應物理現象的特性。

　　至於，各種差分表示式讀者可以參考相關書籍，在此不作進一步說明。

國家圖書館出版品預行編目資料

有限元素法 - 輕鬆上手 / 陳誠宗、李兆芳　編著
臺中市：天空數位圖書　2020.03
面：16*24 公分
ISBN：978-957-9119-72-6（平裝）
1. 結構力學　2. 數值分析
440.15　　　　　　　　　　　　　109002047

書　　　名：有限元素法 - 輕鬆上手
發 行 人：蔡秀美
出 版 者：天空數位圖書有限公司
作　　　者：陳誠宗、李兆芳
版 面 編 輯：採編組
美 工 設 計：設計組
出 版 日 期：2020 年 3 月（初版）
銀 行 名 稱：合作金庫銀行南台中分行
銀 行 帳 戶：天空數位圖書有限公司
銀 行 帳 號：006-1070717811498
郵 政 帳 戶：天空數位圖書有限公司
劃 撥 帳 號：22670142
定　　　價：新台幣 400 元整
電子書發明專利第　I　306564　號

紙本書編輯印刷：
電子書編輯製作：
天空數位圖書公司　E-mail：familysky@familysky.com.tw　http://www.familysky.com.tw/
地址：40255台中市南區忠明南路787號30F國王大樓　Tel：04-22623893　Fax：04-22623863